少年学AI
DeepSeek
高效学习指南

雷波◎编著

·北京·

内 容 简 介

这是一本专为青少年量身定制的AI辅助学习实践指南。全书从整体上精心构建起一套AI技术赋能学习的完整框架：开篇引导青少年对人工智能形成基础认知，并熟练掌握相关工具的操作方法；随后深入各个核心学科，为语文、数学、英语等学科分别提供行之有效的智能学习策略，进而助力青少年在科学探索与人文知识领域取得更大进步。

值得一提的是，本书成功打破了诸多有关AI学习的常见认知误区。不仅如此，书中还精心选取大量丰富且具有代表性的案例，深度剖析了以DeepSeek为核心，涵盖Kimi、通义千问、文心一言、豆包、智谱清言等在内的多款AI工具在青少年各类学习场景中的创新性应用。

无论是青少年自主探索AI学习的新路径，还是教师、家长寻求智能教育辅助方法，这本书都能发挥重要作用，全力推动传统学习模式向高效的人机协同模式创新性转型。

图书在版编目（CIP）数据

少年学AI：DeepSeek高效学习指南 / 雷波编著.

北京：化学工业出版社，2025.4. -- ISBN 978-7-122-47802-3

Ⅰ.TP18-49

中国国家版本馆CIP数据核字第2025RB7002号

责任编辑：潘　清　孙　炜		封面设计：异一设计	
责任校对：王鹏飞		装帧设计：盟诺文化	

出版发行：化学工业出版社（北京市东城区青年湖南街13号　邮政编码100011）
印　　装：北京云浩印刷有限责任公司
710mm×1000mm　1/16　印张10½　字数201千字　2025年5月北京第1版第1次印刷

购书咨询：010-64518888　　　　　　　　　　售后服务：010-64518899
网　　址：http://www.cip.com.cn

凡购买本书，如有缺损质量问题，本社销售中心负责调换。

定　　价：59.00元　　　　　　　　　　　　　　　版权所有　违者必究

前　言

在人工智能技术飞速发展的今天，AI已悄然渗透到教育领域的方方面面。面对这一变革，许多家长既充满期待又心存疑虑：AI能否真正帮助孩子提升学习效率？孩子使用AI是否会过度依赖技术而丧失独立思考的能力？AI的答案是否可靠？如何避免孩子沉迷于无效的"人机对话"？……这些问题背后，折射出家长对孩子学习成长的深切关注，也反映了社会对AI技术教育应用的迫切需求。

本书内容总览

本书正是为回应这些关切而生的。本书以"工具赋能学习，技术助力成长"为核心，系统梳理AI技术在学习场景中的科学应用方法，既为青少年提供高效学习的新路径，也为家长和教师解答AI辅助学习的核心困惑。全书共分为8章，覆盖从AI基础认知到学科实践、从能力提升到综合素质培养的全链条内容，旨在帮助读者建立"善用AI而不依赖AI"的理性学习观。

本书第1章从"什么是人工智能"这一基础问题出发，通过通俗易懂的案例解析AI的广义与狭义定义，破除人们对AI的认知误区。特别针对家长关心的"AI是否会让孩子学习变懒""AI能否替代教师"等热点问题，通过对"大模型幻觉""情感关怀不可替代"等关键概念的阐释，帮助读者建立对AI技术边界的清晰认知。

"工欲善其事，必先利其器。"本书第2章深度解析以DeepSeek为代表的AI大模型的特性，对比文本型、图像型工具的优势场景，并传授"提示词撰写""对话技巧""格式规范"等实操方法。针对家长担心的"孩子滥用AI搜索答案"的问题，特

别设计"关闭联网功能""避免误解的文本格式"等实用技巧，帮助孩子从"无脑提问"转向"有效对话"。

本书第3章至第7章聚焦于语文、数学、英语、科学、人文等内容，详细介绍了如何运用AI工具来攻克学习难关、拓宽知识视野、培养创新思维。

本书第8章详细介绍了如何利用人工智能技术高效规划学习路径和成长方向。

如何学习本书

许多家长担忧AI会削弱师生互动、助长学习惰性。本书通过丰富的案例证明：当AI被科学使用时，它恰恰能规避重复性内容，让教育回归本质；家长无须让孩子苦战"奥数题"，转而关注习惯培养；学生则通过AI获得"24小时学习伙伴"，在兴趣的驱动下主动探索知识。教育从来不是一场"技术对抗赛"，而是一次"价值观的同行"。

此刻，翻开这本书，让我们以开放而不盲从的态度，开启一场充满智慧的学习革命。在这里，AI不是标准答案的提供者，而是激发思维的火种；不是逃避思考的捷径，而是探索未知的罗盘。愿每个孩子都能在AI的助力下，找到属于自己的学习节奏，成长为驾驭技术而非被技术驾驭的新一代学习者。

需要特别指出的是，本书虽已为大家全方位呈现了AI在教育领域的多元应用，但书中所举实例终究有限。然而，这些实例能够帮助学生打开学习AI的全新思路。每一个案例背后都蕴含着AI技术的应用逻辑与方法，学生可以凭借书中传授的知识，对这些案例进行深入剖析与思考，通过举一反三，将其灵活运用到更多不同的学习场景中。

特别提示

在编写本书时，参考并使用了当时最新的AI工具界面截图及功能。然而，由于从书籍的编撰、审阅到最终出版，存在一定的周期，在这个过程中，AI工具可能会进行版本更新或功能迭代，因此实际的用户界面及部分功能可能与书中所示有所不同。

在本书中，笔者主要使用的是接入了DeepSeek的腾讯元宝，这是因为腾讯元宝在搜索时引用的是内容质量较高的微信公众号内容，因此，如果各位读者使用的是其他接入DeepSeek的平台，不能确保得到质量与本书示例中相当的回复。

雷 波

目录
CONTENTS

第 1 章　初识人工智能

什么是人工智能 ··································· 2
　　广义上的人工智能 ··························· 2
　　狭义上的人工智能 ··························· 2
　　对人工智能的通俗理解 ····················· 2
人工智能在日常生活中的应用 ················ 3
　　智慧驾驶 ··· 3
　　智能出行 ··· 4
　　智能家居 ··· 4
认识模型的类型 ··································· 5
　　通用大语言模型 ······························· 5
　　垂直领域模型 ··································· 5
了解AI模型的输出类型 ························· 5
　　文本型 ··· 5
　　图像型 ··· 5
为什么掌握AI学习能力很重要 ················ 6
　　时代与社会发展要求 ························· 6
　　政策导向要求 ··································· 6
　　学习效率要求 ··································· 6
AI辅助学习对于学生、家长、老师的意义 ··· 6
　　AI辅助学习对于学生的意义 ··············· 6
　　AI辅助学习对于教师的意义 ··············· 7
　　AI辅助学习对于家长的意义 ··············· 7
明确AI辅助学习的目标 ························· 8
消除对AI辅助学习的误解 ······················ 8
　　误解1：AI会让我变懒 ······················· 8
　　误解2：AI永远正确 ·························· 8
　　误解3：AI能代替老师 ······················· 8
　　误解4：AI什么都能教 ······················· 9
一定要知道的AI大模型幻觉 ··················· 9
　　什么是大模型的幻觉 ························· 9
　　为什么大模型会出现幻觉 ··················· 9
　　为什么要重视大模型幻觉 ················· 10
　　如何避免大模型的幻觉 ···················· 10

第 2 章　AI 学习工具简介及使用技巧

怎样掌握AI学习技能 ·························· 12
　　树立正确的AI学习观 ······················ 12
　　了解AI的能力边界 ························· 12
　　掌握AI的使用方法及思路 ················ 12

了解DeepSeek ······ 13
　　DeepSeek简介 ······ 13
　　为什么DeepSeek大模型如此流行 ······ 13
AI学习平台概述 ······ 14
认识AI文本平台 ······ 15
　　腾讯元宝 ······ 15
　　Kimi ······ 15
　　智谱清言 ······ 16
　　通义千问 ······ 16
　　豆包 ······ 17
　　文心一言 ······ 18
　　天工AI ······ 18
　　360纳米AI搜索 ······ 19
　　百度AI搜索 ······ 19
　　秘塔AI搜索 ······ 20
　　各AI搜索平台能力的区别 ······ 20
认识AI绘画平台 ······ 21
　　Midjourney ······ 21
　　可灵AI ······ 22

　　即梦AI ······ 22
　　神采AI ······ 23
　　商汤秒画 ······ 23
　　奇域 ······ 24
　　星流 ······ 25
　　通义万相 ······ 25
跟DeepSeek对话的技巧 ······ 26
　　不需要一直开启R1模式 ······ 26
　　不需要一直开启联网搜索功能 ······ 27
　　注意文本格式避免DeepSeek误解 ······ 28
　　善用AI自动追问功能 ······ 29
　　不同类话题要新建对话 ······ 29
　　分享或导出自己的话题的方法 ······ 30
遵循一定的提示词撰写规范 ······ 30
　　什么是提示词 ······ 30
　　撰写提示词的几个通用技巧 ······ 31

第 3 章　用 AI 学习语文

巩固语文基础知识 ······ 34
　　快速批量认识生僻字 ······ 34
　　解读长句、难句的语法结构 ······ 34
　　修改病句 ······ 36
　　分析对比复杂的角色关系 ······ 37
　　仿写古诗词 ······ 38
　　用飞花令法巩固诗词 ······ 39
　　分析易混字并提出记忆方法 ······ 41
　　针对标点符号进行辨析 ······ 41
　　辨别同义、近义词 ······ 42
　　辨别并解释熟语运用 ······ 43
　　按给定条件扩写语句 ······ 45
　　通过加元素的方法练习扩写 ······ 45
提升语文阅读理解能力 ······ 46
　　提炼文章的核心思想 ······ 46
　　分析段落的逻辑关系 ······ 47

辅助理解文章重点·················48
　　学习融合不同文章的文学表现手法·······49
提高作文写作水平·····················50
　　根据主题以不同的文体进行写作········50
　　提供写作参考素材················51
　　模仿名家的写作风格···············52
学习文言文························53
　　攻克文言文字词难关···············53
　　为文言文学习增加趣味··············54
　　分析古文创作背景················55
　　练习文言文写作·················56
　　分析文言文中的语法现象·············57
　　对文言文中的典故意象溯源············58
　　智能抽背····················59
体验自由创作·······················60
　　故事续写····················60
　　将好作品整理为作文模板·············61

第4章　用 AI 学习数学

选择合适的AI模型学习数学················64
数学知识理解与梳理····················67
　　通过公式推导更好地理解公式原理·········67
　　寻找知识点之间的逻辑关系············68
　　通过"概念—公式—变式"深入学习
　　知识点·····················69
　　批量区分易混淆的知识点·············70
利用生活场景理解数学知识················71
　　活用数学知识为老人计算5年定存利息······71
　　以情境化的方式解决应用题理解困难········72
　　利用生活场景使概率问题更通俗易懂········74
　　利用类比搞懂抽象函数的概念···········75
　　理解世界知名的"三门问题"···········76
　　利用质数概念理解蝉的生命周期··········77
　　怎样通过计算获得最大促销优惠··········78

解题思路引导·······················79
　　归纳同类题型的解题方法·············79
　　分析错误原因，找到正确的解题思路········81
　　针对性练习同类错题···············82

第5章　用 AI 学习英语

快速掌握单词·······················85
　　快速记忆同一类派生词··············85
　　通过分析词源深入理解单词············86
　　定制个性化的单词背诵计划············87
　　记忆易混淆的单词················88
　　快速记忆10个不相关的单词···········89
　　高级词汇替代初级词汇··············90
　　如何采用"单词→句子→对话→短文"
　　的模式学习···················91
　　英文中的信息转折词汇··············92
英语语法学习·······················93
　　通过名人名言学习句式与语法···········93
　　通过句子分析语法结构··············94
　　针对性练习语法知识···············95
　　通过模拟聊天练习语法··············97
阅读与写作························98
　　提供符合水平的阅读材料·············98
　　提供写作思路··················99
　　阅读技巧总结··················100
　　通过造句练习写作················101
　　无痛快速批改作文················102
听力训练·························104
　　解答对听力内容的疑问··············104
　　听力技巧总结··················105
　　提供听力材料··················106
口语提升·························108
　　模拟真实的对话场景···············108
　　纠正发音和语法问题···············109

第6章　用AI探索科学

知识讲解 ·· 113
- 怎样在生活中理解物理知识 ························ 113
- 如何通过预习三问学习物理新知识 ··············· 114
- 如何将生物知识点融入初中生日常 ··············· 115
- 通过物理知识更深入地理解民间谚语 ··········· 116
- 深入理解化学反应 ···································· 117
- 如何用"现象—原理—应用"思维学习 ········· 118

掌握高效学习及解题方法 ····················· 119
- 用康奈尔笔记法更高效地学习物理 ··············· 119
- 利用浓缩记忆法快速记忆物理定律 ··············· 121
- 批量学习7种解题方法 ······························· 122
- 用表格法学习化学元素 ······························ 123
- 用案例分析法学习生物知识 ························ 124

为学习增加趣味 ································· 125
- 通过知识背后的故事学习 ··························· 125
- 通过电影片段学习物理与化学 ····················· 126
- 利用趣味实验理解物理与化学 ····················· 127
- 用物理知识指导比赛加大胜出概率 ··············· 128

用AI分析错题、总结考点 ···················· 129
- 用三维分析法分析错题 ······························ 129
- 总结生物考点并设计有针对性的练习 ········· 131

第7章　用AI学习人文

用思维导图记忆知识点 ························ 133

让知识"鲜活起来" ··························· 135
- 用历史知识制作剧本杀游戏 ······················· 135
- 让历史人物鲜活起来 ································ 136
- 用AI推演历史关键时刻 ····························· 137

快速归纳分析同类历史事件 ·················· 138
- 总结数据复杂的历史事件 ··························· 138
- 对比类似的历史事件 ································ 139
- 纵向对比并快速记忆重要会议 ····················· 140
- 如何利用AI分析历史事件 ·························· 141

用特殊方法记忆知识点 ························ 142
- 利用5W2H方法分析历史事件 ····················· 142
- 运用"3T+2S"口诀法解答地理问答题 ········ 143
- 运用比较法掌握知识 ································ 145

联系日常生活及热点事件学习人文知识 ··· 146
- 结合实际新闻事件学习地理知识 ·················· 146
- 结合社会热点学习政治知识 ························ 147
- 结合日常生活中的问题学习政治知识 ··········· 148

用AI提高记忆效率 ····························· 149
- 将难记的知识点口诀化 ······························ 149
- 用多种记忆方法记忆同一知识点 ·················· 150
- 用AI记忆各省的地图形状 ·························· 151

第8章　用AI规划学习

用AI制订学习计划 ····························· 154
- 制订弱课优先学习计划 ······························ 154
- 按SMART原则制订学习计划 ······················ 155

选科与成长规划 ································· 156
- 了解自己的兴趣与偏好 ······························ 156
- 向AI了解大学专业情况 ····························· 157
- 职业探索及规划 ······································· 159

第 1 章 初识人工智能

什么是人工智能

广义上的人工智能

广义的人工智能（AI）是指使计算机能够执行那些通常需要人类智能才能完成的任务的技术的总称。包括很多领域，如机器学习、深度学习、自然语言处理、机器视觉和专家系统等。广义的AI追求的是使计算机能够像人类一样具有全面的认知能力，能够在各种复杂的、不确定的环境中做出决策和解决问题。

狭义上的人工智能

狭义的人工智能，也称为弱AI，是指旨在执行特定任务或有限范围任务的AI，是最常见的人工智能类型，广泛用于面部识别、语音识别、图像识别、自然语言处理和推荐系统等。狭义的人工智能主要使用工程学方法实现，即利用传统的编程技术展现出绝对性的被动智能。这种方法下的人工智能算法是固定的、机械式的，只能根据预设的规则和条件运作。

对人工智能的通俗理解

人工智能的工作原理主要包括感知、推理和决策3个阶段。简单来说，就是让机器能够像人一样思考、学习和解决问题的技术。在日常生活中，其实已经有很多应用都是基于人工智能的。

人们常用的智能手机里的语音助手，比如苹果的Siri、华为的小艺、小米的小爱同学等，它们能够听懂人们说的话，帮助人们查天气、定闹钟、发微信，甚至还能讲笑话。这就是人工智能在语音识别和自然语言处理方面的应用。

在网上购物时，那些推荐给用户的商品，很多时候也是基于人工智能的算法来决定的。系统会根据用户的购物历史和浏览习惯，推荐用户可能感兴趣的商品，这背后其实就是人工智能在大数据分析和个性化推荐方面的应用。

另外，现在很多城市都在推广的智能交通系统，也是人工智能的一个重要应用。比如，智能信号灯可以根据交通流量来自动调整信号灯的配时，减少拥堵；而自动驾驶汽车则可以通过传感器和算法来感知周围的环境，并做出相应的驾驶决策，这都是人工智能的典型应用。

2024年，中国的无人机群表演在全球范围内引起轰动，如深圳的无人机表演，7598架无人机被一台电脑精准控制，展示了现代无人机技术的奇迹，表演的主题分别为"国际""文化""科技""创新""活力"，每个主题都与深圳的城市特色相结合。要让这些无人机在不相撞的情况下实现精准定位，并创造出令人

惊叹的视觉效果，少不了人工智能技术的参与。这种表演不仅提升了城市形象，还促进了当地文旅消费，拉动经济增长。

在2025年的春节联欢晚会上，一群名为"福兮"的机器人惊艳亮相。它们穿着喜庆的东北花袄，手持红手绢，与舞蹈演员一起表演了传统秧歌。这些机器人不仅能灵活地扭腰、踢腿，还能完成高难度的"转手绢"动作。更厉害的是，它们通过人工智能算法学习舞蹈动作。16台机器人还能通过激光雷达感知位置，自动变换队形，全程零碰撞。

人工智能在日常生活中的应用

在人们的日常生活中，人工智能（AI）已经不再是神秘的存在，而是成了现实生活的一部分。正如麦卡锡所言，一旦一样东西用人工智能实现了，人们就不再称它为人工智能了。这种现象表明，人工智能已经悄无声息地渗透到人们的日常生活中，以至于有时甚至没有意识到它的存在。

智慧驾驶

人工智能在智慧驾驶领域的应用已经取得了显著的进展，极大地改变了人们的出行方式和驾驶体验。例如，自动驾驶汽车通过集成先进的传感器、计算机视觉、自然语言处理、机器学习等技术，实现了在复杂的道路环境中的自主导航和驾驶。自动驾驶汽车可以分为不同的等级，从辅助驾驶（如自适应巡航、车道保持等）到完全自动驾驶，人工智能正在使驾驶员的角色逐渐从操作者转变为乘客。

智能出行

在出行服务方面，人工智能也发挥了重要作用。许多在线旅游服务商，如携程网、途牛旅游网等，利用人工智能技术为用户提供更便捷、个性化的旅行服务。这些平台可以根据用户的偏好和历史数据，推荐适合的旅游目的地、酒店和行程安排。同时，通过智能客服系统，用户可以快速获得与旅行相关的信息和帮助，提升出行体验。

智能家居

智能家居系统可以通过语音助手或手机应用来控制家中的灯光、空调、电视等设备，实现智能化生活。智能音箱可以通过语音识别技术来执行用户的指令，如播放音乐、查询天气等。

同时，智能安防系统可以通过人脸识别、视频监控等技术来保障家庭安全。

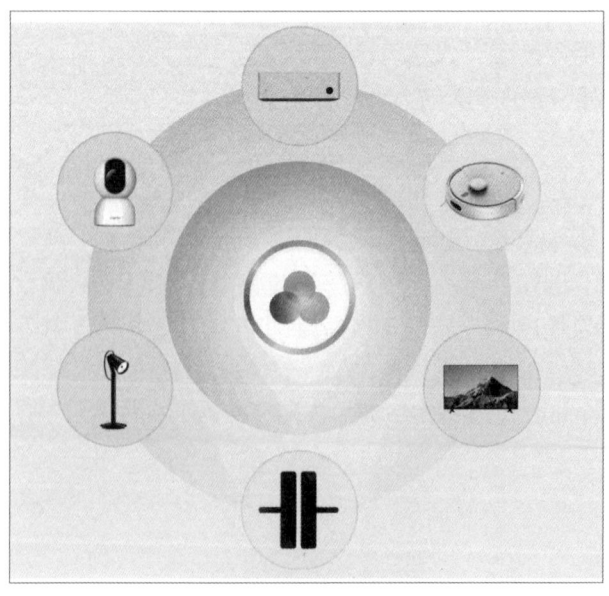

认识模型的类型

通用大语言模型

这类模型通常具有广泛的知识和语言理解能力，能够处理多种类型的自然语言任务，如文本生成、问答、翻译等。它们在处理一般性问题时表现出色，但在特定领域的专业性上可能稍显不足。

如国内使用较多的DeepSeek、文心一言（百度）、通义千问（阿里云），以及国外使用较多的GPT系列（OpenAI）、Claude（Anthropic）等模型均属于此类。

垂直领域模型

与通用大语言模型相比，垂直领域模型专注于特定领域的知识和任务，如医疗、法律、金融等。它们在特定领域的专业性更强，能够提供更准确、更专业的解决方案，但在处理其他领域的问题时可能表现一般。

如医疗领域使用DeepSeek-Medical、IBM Watson Health，金融领域使用蚂蚁集团的风控模型、彭博GPT，法律领域使用Lawformer、秘塔法律助手，教育领域可使用科大讯飞的AI教育大模型、猿辅导MathGPT，以上AI模型由于使用了专业的特定领域的数值进行训练，因此在使用效果上比通用模型效果更好。

了解 AI 模型的输出类型

AI模型的输出类型多样，它们根据处理的数据类型和应用领域被设计成不同的形式，下面简单讲解学习中会遇到的两类AI模型。

文本型

文本模型，如通义千问、文心一言等，专注于处理和生成文本数据，它们能够理解人类语言的含义，用于问答系统和情感分析，或者生成人类可读的文本，如文章写作和对话系统。这些文本模型在自然语言处理领域中扮演着重要角色，它们通过深度学习和大量的数据训练，能够理解和生成与人类对话相似的自然语言文本。

图像型

这类 AI 模型可以处理图像数据，如识别图像中的对象、生成新的图像或者对现有图像进行修改。如国内的即梦、可灵、秒画，以及国外的 Midjourney、Stable Diffusion 均属于此类。

为什么掌握 AI 学习能力很重要

时代与社会发展要求

在已经到来的AI时代,科技的飞速发展将使得人工智能渗透到各个领域。从日常生活中的智能语音助手到工业生产中的自动化流程,AI已经全面进入并将成为推动社会进步的核心力量。随着产业升级和技术革新,未来的工作岗位对从业者AI技能的要求也越来越高。例如,在数据分析领域,要使用AI算法快速处理海量数据,为企业决策提供有力支持;在医疗行业,要使用AI辅助诊断系统帮助医生更准确地识别疾病。如果不掌握AI学习及使用能力,就可能在未来的就业市场中失去竞争力,难以适应不断变化的工作环境。

政策导向要求

政府及有关部门已经认识到AI技术对国家发展和个人成长的重要性,纷纷出台相关政策推动AI教育。例如,《新一代人工智能发展规划》首次明确要求在中小学阶段设置人工智能相关课程,逐步推广编程教育;《关于加强中小学人工智能教育的通知》提出到2030年基本普及中小学人工智能教育,并明确分学段教学目标。

学习效率要求

在当下的数字化时代,学生掌握AI学习的方法与技能,对提高学习效率至关重要。AI能帮学生快速筛选海量信息,精准获取所需知识,避免在信息海洋中迷失方向,让学习更高效;能根据每个学生的特点,定制个性化的学习方案,针对性强化薄弱环节,满足不同学生的学习需求;还能培养学生的创新思维和解决问题的能力。

因此,掌握AI学习技能,不仅能大幅度提升学习效率,也能为学生未来在知识经济时代的竞争增添优势。

AI 辅助学习对于学生、家长、老师的意义

AI 辅助学习对于学生的意义

| 无限知识库 |

在传统的学习过程中,学生获取知识往往受限于教材、图书馆开放时间及教师的知识储备。而AI辅助学习打破了这些限制。它犹如一个装满全球知识宝藏的口袋图书

馆，学生只需轻点屏幕或发出语音指令，就能瞬间获取海量信息。例如，当学生在学习历史时，遇到一些较为冷门的事件，如"安史之乱"中某个小规模战役的具体经过，AI可以迅速从其庞大的数据库中调取相关信息，包括战役的时间、地点、参战人员、战术运用及对整个战局的影响等详细内容，让学生能够深入了解历史细节，拓宽知识视野。

| 24 小时在线 |

学生的学习需求并非只在课堂上或白天存在，很多时候在课后或假期也会遇到学习难题。AI辅导工具可以全天候陪伴在学生身边，随时为他们提供学习支持。比如，对于那些在假期中想要提前预习新学期课程的学生，AI学习平台能够提供完整的课程预习资源，包括视频讲解、知识点梳理、课后练习等，让学生在没有老师现场指导的情况下，也能自主高效地进行学习。这种24小时在线的学习陪伴，能够充分利用学生的碎片化时间，帮助他们养成持续学习的习惯，提高学习效率。

| 个性化定制 |

每个学生的学习能力和知识掌握程度都有所不同，传统的教学模式难以做到完全因材施教。而AI辅助学习能够精准地分析学生的学习数据，如作业完成情况、测试成绩、学习时间分布等，从而找出学生的薄弱环节。同时，AI还会根据学生的学习进度和理解能力，适时调整教学节奏和方法。

AI 辅助学习对于教师的意义

AI辅助学习为教师提供了精准的教学支持与效率提升工具。教师可以用AI进行高效出题，AI出题工具能够根据教师设定的教学目标、知识点、难度等要求，在短时间内生成高质量、多样化的题目。例如，教师只需输入知识点或主题，系统就能自动生成与之相关的试题，覆盖选择题、填空题、判断题等多种类型。AI工具不仅提高了出题的效率和质量，还为教师节省了大量的时间和精力，使教师能够更专注于教学内容的设计和学生的个性化指导。

AI 辅助学习对于家长的意义

AI辅助学习为家长提供了更便捷、高效地参与孩子学习过程的方式。AI辅助学习资源丰富多样，家长可以根据孩子的学习需求和兴趣，选择合适的辅导内容，为孩子提供个性化的学习支持，弥补自身在专业知识或教学方法上的不足，更好地陪伴和助力孩子成长。

尤其是当学生学习的知识点难度已经超出家长的能力范围时，只有灵活运用AI解决疑难问题，才能更好地辅导学生。

明确 AI 辅助学习的目标

让AI当"助手",而非"替身"。在学习过程中,人类始终是学习的主体,AI只是辅助学习的工具。学生应该充分发挥AI的优势,让它帮助自己解决学习中的难题、提供学习资源和建议,但不能完全依赖AI。例如,在写作文时,AI可以提供一些素材和思路,但最终的写作内容和表达还是要靠自己的思考和创作。

消除对 AI 辅助学习的误解

误解 1:AI 会让我变懒

在学习过程中,部分人担心借助AI会让自己变得懒惰,不再主动思考和探索知识。但实际上,AI是一种强大的辅助工具。例如,在做研究性学习时,AI可以快速筛选大量文献资料,帮助人们精准定位到关键信息,节省了大量查找资料的时间,让人们能将更多精力放在对知识的深度理解和分析运用上;又如,在学习历史时,如果想了解某个特定历史时期的政治、经济、文化等多方面情况,AI能在极短的时间内通过搜索、分类整合大量相关资料,人们在此基础上去构建知识体系,效率大大提高,而不是单纯地依赖AI给出答案就不再思考,关键在于如何合理利用它去优化学习流程。

误解 2:AI 永远正确

有些学生可能觉得AI给出的答案就一定是准确无误的,从而完全信任。然而事实并非如此,AI也是基于已有的数据和算法进行运算得出结果的,可能会存在数据偏差、算法局限等情况,导致答案出错。比如,在学习数学解题时,对于AI给出的解题步骤和答案,不能直接照搬,应该通过自己手动计算、查阅其他参考资料等方式进行交叉验证。就像学习物理实验,对于AI给出的实验结论,学生应结合实际操作及课本中的理论知识去判断其正确性,这样才能确保所学知识的准确性,避免被错误信息误导。

这一点在后面的关于大模型幻觉的章节,还会再次深入探讨。

误解 3:AI 能代替老师

虽然AI在知识传授方面有诸多优势,比如可以24小时不间断提供学习资源讲解等,但它永远无法取代老师。老师在教学过程中给予学生的情感关怀、个性化的学习指导,以及人格塑造等方面的作用是AI无法企及的。例如,在学习语文写作时,老师能根据每个学生的写作风格、情感表达特点进行一对一指导,给予鼓励和建议,帮助学生克服写作中的心理障碍,培养写作兴趣和自信心,而AI只能按照既定的规则对文字进行批改和简单评价，缺乏这种人文关怀和情感互动，因此老师在教育过程中的地位是不可被AI取代的。

误解 4：AI 什么都能教

AI在教学过程中存在一些局限性。在一些需要通过图片讲解的知识点上，AI的表现可能不尽如人意。以数学中的几何体教学为例，学生需要通过观察三维图形的图片来理解其结构和性质，而AI可能无法准确地描述和展示这些图形的细节，导致学生难以形成直观的认识。

又如在物理中，一些涉及电路图、力学示意图等的知识点，通过图片展示能够更清晰地呈现各个元件之间的连接关系和作用方式，AI在处理这类内容时可能会出现表述不清或遗漏关键信息的情况。此外，在一些艺术类课程中，如绘画、设计等，AI也难以像人类教师那样，通过示范和点评学生的实际作品来传授技巧和培养审美能力。因此，不能认为AI能够教授所有内容，它在某些方面还需要与传统教学方法相结合，才能更好地满足学生的学习需求。

一定要知道的 AI 大模型幻觉

什么是大模型的幻觉

大模型的幻觉，就像是大模型在"胡说八道"。比如，在一次大模型国际象棋对弈中，DeepSeek-R1做出送小兵、编造规则等不符合真实国际象棋规则的行为，还让ChatGPT认输，这就是大模型产生幻觉的表现，它生成了与事实不符的内容。

为什么大模型会出现幻觉

大模型像个"超级接话高手"，通过分析大量的数据来学习并预测答案。然而，它们并不能记住所有知识细节，而是在遇到未知信息时进行"猜测"。它记知识像人一样，会通过压缩、找规律的方法进行学习。

大模型的运行机制要求，每当人们提出问题时，它都要给出一个答案。因此，当大模型遇到没见过的信息又必须回答时，就会根据已有概念"脑补"出一个自认为正确，但极有可能错误的答案。

比如问"隔壁老王多高"，它没见过老王，就按"一般人多高"编个数，这就产生了幻觉。

为什么要重视大模型幻觉

大模型幻觉可能导致传播错误的信息。如果在学习中轻信AI给出的信息，可能会学到错误的知识。在重要领域，如医疗、法律，错误信息会造成严重后果，因此要重视。

如何避免大模型的幻觉

保持警惕，不轻信：大家在使用大模型获取信息时，特别是在涉及具体事实的时候，比如历史事件的时间、人物，以及科学实验的数据等，不要轻易相信大模型给出的答案。比如，大模型告诉你某个历史人物在某一天做了某件事，你要想一想这个信息是否可靠，有没有其他证据支持。

交叉验证，查证信息：对于重要的信息，可以通过其他渠道来查证。比如，去图书馆查阅相关的书籍、资料，或者在网上搜索权威的网站，看看大模型给出的信息是否和其他资料一致。就像学生要了解一个科学实验的结果，可以查找专业的科学期刊或者实验报告，对比大模型的说法是否正确。

引导模型，明确要求：在向大模型提问的时候，可以加上一些限定条件，告诉它要忠于事实。比如问它一个问题，可以加上"请根据真实的历史资料回答"或者"请确保信息准确"等类似的提示，这样可以引导大模型尽量给出真实可靠的内容。

联网搜索，补充信息：现在很多大模型都有联网搜索功能，用户可以利用这个功能来获取更准确的信息。比如问一个关于新闻时事的问题，大模型可以通过联网搜索最新的新闻报道，这样可以降低它因幻觉而给出错误信息的可能性。

第 2 章　AI 学习工具简介及使用技巧

怎样掌握 AI 学习技能

对学生而言，AI技术为学习提供了全新的可能性，但如何正确认识并有效利用这一工具，并提升学习效率呢？笔者认可以分为以下3步。

树立正确的 AI 学习观

首先，学生需要对AI建立正确的认知。AI并非万能的，其核心价值在于辅助学生提升学习效率，而非替代自主思考与知识内化的过程。AI可以快速检索信息、解答问题、提供学习建议，但它无法替代学生自身的理解、分析与创造能力。正如一台计算器能帮助完成复杂运算，但数学思维的培养仍需依靠个人的逻辑训练。因此，学生应明确：AI是辅助工具，而非学习的主体。

了解 AI 的能力边界

其次，学生需要了解AI的基本概念与功能。AI是一种通过算法和数据模拟人类智能的技术，其强大之处在于能够处理海量信息并从中提取规律。在学习层面，AI可以帮助学生解决具体问题，例如通过智能题库提供阶梯式解题思路，或通过语音识别技术辅助语言学习。然而，AI也有其局限性。它无法理解情感、无法进行创造性思维，也无法替代人类在复杂情境中的判断力，甚至有时会做错题而给出错误的答案。因此，学生应清楚AI不是万能的，这跟"尽信书不如无书"是一个道理。

掌握 AI 的使用方法及思路

接下来学生需要掌握常用的AI工具的使用方法。不同的AI工具有不同的使用方法，要尽量掌握使用频率最高的几个AI工具的使用方法与技巧。在此基础上，学生需要学会将学习中的难点转化为AI能够回答的问题。这一过程的关键在于精准提问。模糊的请求（如"如何提高数学成绩"）往往得到宽泛回答，而结构化提问能引导AI输出具有针对性的解决方案。建议采用"情境描述—问题界定—尝试过程—障碍分析"的提问框架。例如："在三角函数图像平移变换的题目中，我已掌握基本公式，但面对复合变换时频繁出错，能否通过典型例题对比解析相位变化的叠加规律？"此类提问方式既明确了知识缺口，又限定了解答范围，使AI的响应更具学术价值。

总体而言，学生可以将AI视为一个"哆啦A梦"式的学习伙伴——它无所不知，无所不会，随时可以问询，随时可以沟通。然而，这种关系并非单向依赖，而是双向互动。学生应主动思考如何将AI的功能与自身学习需求结合，例如利用AI生成个性化复习计划，或通过编程工具将抽象的知识转化为可视化模型。这种主动探索的过程，不仅能提升学习效率，还能培养创新思维与技术应用能力。

同时，也要警惕技术依赖的风险。过度依赖AI可能削弱独立思考的能力，因此建议设定明确的使用边界。例如，限定仅在自主思考一定时间后启动AI辅助，或在完成作业后再使用AI验证答案。

了解 DeepSeek

DeepSeek 简介

DeepSeek模型的设计初衷是模拟人类的语言认知及逻辑思维推导能力，它通过分析和学习大量的文本数据，从而获得了理解和生成自然语言的能力，能够进行多轮对话，回答复杂的问题，创作文本内容，如撰写文章或编写代码。

DeepSeek不仅能处理文本信息，还能理解和分析图像数据。这种能力使得DeepSeek在多个领域都有广泛的应用潜力，比如在教育领域，它可以作为一个智能辅导工具，帮助学生理解和掌握知识点；在医疗领域，它可以帮助分析医学影像，辅助医生做出诊断。

此外，DeepSeek还采用了高效的推理技术，这使得它在处理信息时既快速又准确。这种技术的应用，不仅提高了DeepSeek的工作效率，也提高了人们对AI模型在逻辑能力方面的认识。

自2025年1月20日DeepSeek发布了R1推理模型后，便凭借R1模型的开源策略、优秀的逻辑推理能力与极致性价比，在AI领域掀起现象级热潮。短短数天，DeepSeek全球注册开发者突破200万，API调用量激增500%，服务器多次紧急扩容。社交媒体上，DeepSeek的话题阅读量更是超过了10亿。

为什么 DeepSeek 大模型如此流行

下面简单介绍一下DeepSeek获得高认可度的原因。

首先，DeepSeek展现出了令人惊叹的智能水平。例如，在数学领域，它就像一位全能的数字学霸，不仅精通数学公式推导和计算机编程，更能像人类一样进行逻辑推理和创意表达。在最近的技术评测中，它在解决复杂数学应用题时展现出的思维能力，甚至超过了部分人类专家。这种强大的认知能力让它不仅能帮助研究人员进行科学计算，还能为普通用户解答课业难题，成为学习道路上的"智能导师"。在语言理解及逻辑推理方面，也超出同类AI大模型许多。例如，下面是DeepSeek仿《沁园春·雪》创作的一首词，可以说文采飞扬。

> 《沁园春·哪吒闹海》
> 混沌初开，荧幕惊雷，浩气凌霄。
> 看魔丸浴火，乾坤倒卷；玄冰碎甲，沧海腾蛟。
> 剑破苍冥，泪融旧咒，三界烽烟逐浪高。
> 风云变，纵天书谶语，敢问谁傲？
> 银屏燃尽尘嚣，引寰宇同歌破九霄。
> 叹金仙伪道，玉虚锁钥；寒门傲骨，龙血灼烧。
> 我命由心，乾坤执笔，且向沧溟斩寂寥。
> 山河啸，待重书神话，再起狂潮！

其次，DeepSeek大模型的应用场景十分广泛。它不仅在学术领域成绩突出，在实际生活中的应用也有很多发挥的空间。比如，在智能客服方面，它能快速回应解答人们的问题；在智能翻译中，帮助人们实现不同语言间的转换。这些丰富的应用场景，让它在各个行业都有很高的实用价值，自然也就推动了它的流行。

最后，DeepSeek最引人注目的突破在于其开放共享的理念——研发团队选择免费公开模型的核心技术，这如同为全球开发者打开了一个"技术宝库"。任何感兴趣的个人或机构都可以自由使用、修改，甚至二次开发这个系统。

这种开放策略激发了技术社群的创造力，来自世界各地的程序员、学者不断为其注入新功能，就像"众人拾柴火焰高"，使得系统的智能水平持续进化。这种共建共享的模式，不仅降低了人工智能技术的应用门槛，更让技术创新真正服务于社会进步。

AI 学习平台概述

俗话说："工欲善其事，必先利其器。"要想更好地利用AI进行学习，离不开功能强大的AI平台支撑。从较笼统的概念上，可以将这些AI平台分成为以下两大类。

文本类大模型平台依托自然语言处理技术，展现出强大的语义理解与知识整合能力。以腾讯元宝为例，其深度融合微信生态的海量内容资源，不仅能快速解析PDF、Word等类型的文档，还能通过256KB超长上下文窗口实现学术论文的润色与格式转换，极大地提升了学术研究效率。Kimi则凭借超长文本处理优势，在生成结构严谨的学术论文框架、梳理知识脉络等场景表现突出，特别适合需要深度分析的研究型学习。而DeepSeek在代码生成与逻辑推理方面的卓越性能，使其成为编程学习者的理想助手，其多轮对话保持上下文连贯性的特点，可有效辅助算法思维的培养。

图像类大模型平台则能够生成各类画风各异、主题不同的精美图像。例如，LibLib AI作为国内AI绘画领域的标杆，集成Stable Diffusion等先进算法，支持文生图、图生图及像素级精细调整，能生成国风、二次元等多元风格。奇域平台则专注于国风艺术创作，通过风格迁移技术实现古典画作与现代设计的融合。

当然，还有一些平台两种功能兼具，例如，豆包不仅可以生成文本，也可以生成图像。

在后面的章节中，笔者会分为文本和绘画两大方向进行介绍，这样划分仅仅是为了更方便阐述和讲解，使读者能够更清晰地了解不同类型AI学习平台在各自主要领域中的特点和优势，从而更好地选择适合自己的学习工具。

虽然本章介绍了大量AI平台，但由于不同的平台在功能上有不同的侧重，因此在实际的工作、学习中，仅需要重点使用一到三个就可以了。例如，对笔者而言，建议重点使用腾讯元宝平台，因为此平台不仅接入了DeepSeek，而且响应速度快、回复质量高。

认识 AI 文本平台

腾讯元宝

腾讯元宝是腾讯推出的AI原生应用，基于混元大模型开发，整合了AI搜索、文档解析、多模态内容生成等核心功能。该平台支持对话式智能搜索，能快速提炼网页、本地文档和图片的关键信息，并提供微信公众号独家内容接入。使用者可通过AI生成图像、撰写文案，还能创建个性化智能体，实现语音克隆和英语口语陪练等交互场景。此外，元宝深度融入微信生态，提供新闻播报、文件处理等可以提升效率的功能，覆盖办公、学习、创作等多领域。

腾讯元宝界面如下图所示。

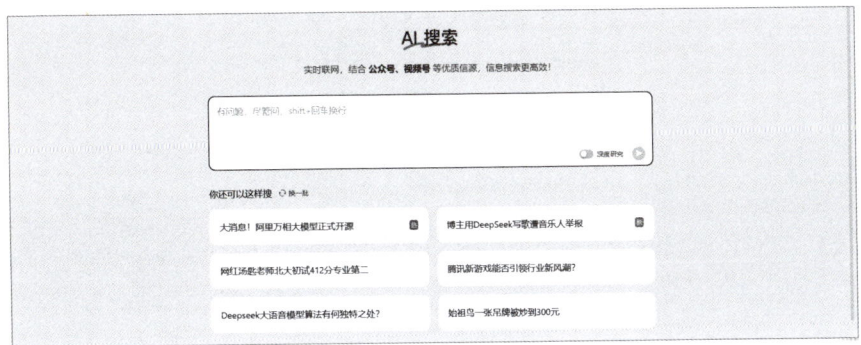

Kimi

Kimi是由北京月之暗面科技有限公司开发的多模态智能助手，具备超长文本处理与深度推理能力，支持高达200万字无损上下文输入，能够解析PDF、Word、Excel

等复杂的文档,并且可以一键生成PPT文档,有效提升学习及工作效率。

Kimi界面如下图所示。

智谱清言

智谱清言AI平台是由北京智谱华章科技有限公司开发的生成式人工智能助手,基于自主研发的中英双语对话模型ChatGLM2,支持通用问答、多轮对话、代码生成、虚拟角色扮演等功能。其特色包括灵感大全模块,提供300多个场景需求模板,覆盖文案创作、职场办公、生活创意等垂直领域,用户可通过自然语言快速生成个性化内容。智谱轻言平台还提供免费基础服务,如文本生成视频、图像转换等AIGC工具,适用于教育、科研、内容创作等多个场景。

智谱清言界面如下图所示。

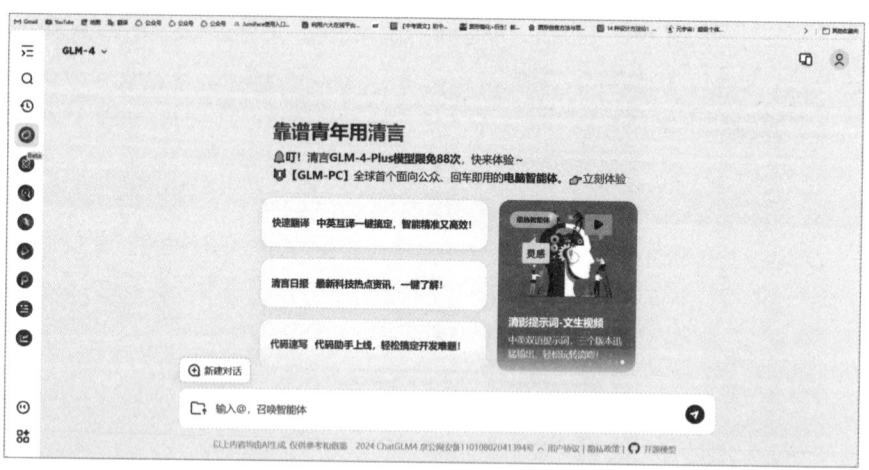

通义千问

通义千问是阿里云推出的一款超大规模语言模型,涵盖多轮对话、文案创作、逻辑推理、多模态理解及多语言支持等功能。其特色功能板块"百宝袋"内置了丰富多样的多领域模板,能够轻松实现一键套用的效果,该板块涵盖趣味生活、创意文案、办公助理、学习助手等4个主要方面。

通义千问界面如下图所示。

豆包

豆包AI是字节跳动基于云雀大模型开发的智能助手，以多模态能力和轻量化、娱乐化的交互为核心特色。它支持拍题答疑、文档网页总结、实时翻译、智能写作等功能，除文本搜索外，还具备图片及音乐生成功能，覆盖学习、办公、创作等高频需求。

豆包界面如下图所示。

文心一言

　　文心一言是一款由百度研发的人工智能大语言模型，在跨模态、跨语言的深度语义理解与生成能力方面具备出色表现。文心一言的5大能力包括文学创作、商业文案创作、数理逻辑推算、中文理解和多模态生成，内置许多写作模板。

　　文心一言界面如下图所示。

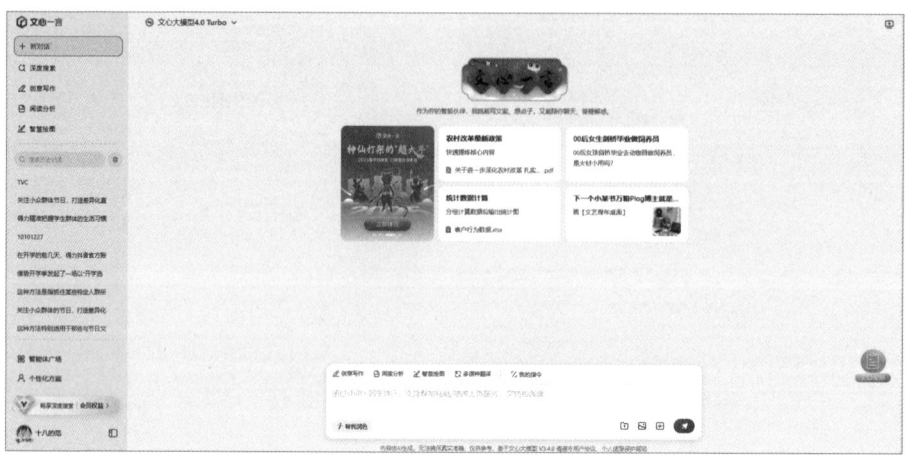

天工 AI

　　天工AI是由昆仑万维开发的人工智能平台，以高准确性和高效率为核心优势，擅长文本生成、知识问答、推理计算及阅读理解等自然语言处理任务。其特色功能包括支持长文、音视频及网页链接解析。该平台特别适合信息提取、多模态数据处理等场景，例如通过高级模式生成专业对比表格，提升对复杂问题分析的效率。

　　天工界面如下图所示。

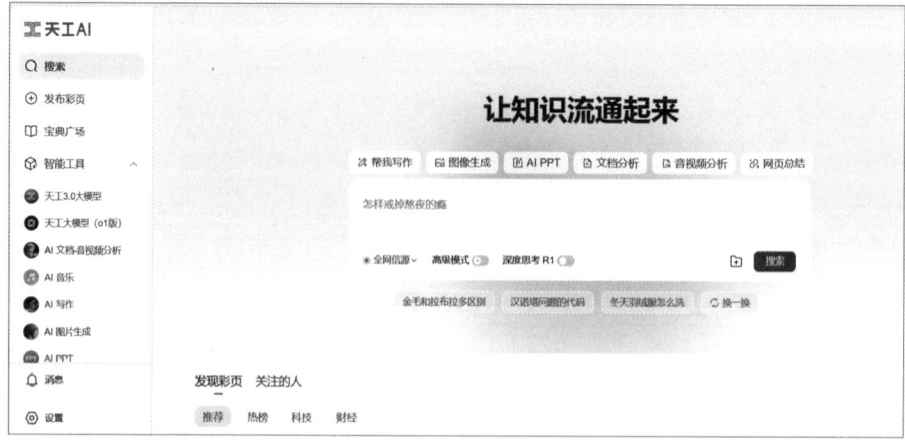

360 纳米 AI 搜索

360纳米AI搜索是360公司推出的多模态AI搜索引擎,支持文字、语音、拍照、视频4种交互方式,可识别物品、解答习题、生成字幕并提炼视频核心观点。其独有的慢思考模式通过调用16款大模型协作分析全网资料,生成长达5000字的深度答案,适合学术研究和复杂问题的拆解。

360纳米AI搜索界面如下图所示。

百度 AI 搜索

百度AI搜索是基于文心大模型与DeepSeek技术构建的新一代智能搜索引擎,融合了AI智能回答、多模态内容呈现和个性化服务3大核心功能。它能通过对话式交互提供精准答案,支持文字、语音、图片及视频混合输入,并自动生成结构化摘要和灵感探索,多维度解析问题。

此外,平台整合了智能创作工具,可一键生成PPT、文案及图像作品,同时具备记忆用户偏好和自由订阅信息的能力。它接入了百度健康、法律、教育等专业生态资源,搜索结果兼具权威性与实时性。

百度AI搜索界面如下图所示。

秘塔 AI 搜索

秘塔AI搜索是由上海秘塔网络科技有限公司开发的一款智能搜索引擎,基于大语言模型和自然语言处理技术,可精准解析搜索意图并直达结果。其核心功能包括全网模式、学术模式和文库检索,支持结构化展示搜索结果并生成大纲与思维导图,同时提供信息来源追溯和参考文献导出功能。它适用于行业调研、学术研究和政策分析等场景,通过AI技术整合多维度信息并生成可直接应用的报告内容。

秘塔AI搜索的界面如下图所示。

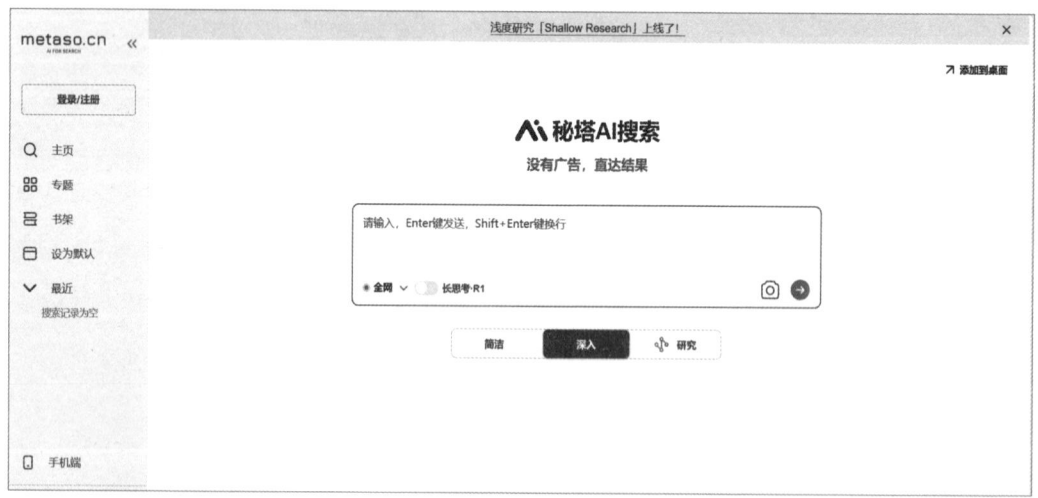

各 AI 搜索平台能力的区别

以上各AI搜索平台虽然都基于DeepSeek大模型技术,但其核心差异体现在搜索功能与数据资源的垂直整合能力上。

腾讯依托社交生态优势，重点聚焦公众号内容生态的深度挖掘，通过语义理解实现精准的图文匹配；百度则凭借文库资源构建知识壁垒，结合文心大模型实现学术文献与商业数据的结构化输出；秘塔AI搜索通过混合专家模型架构强化学术领域的检索效率，尤其是在论文溯源和科研分析场景表现突出。

联网能力作为关键差异化要素，使平台能够实时调用全网动态数据。例如天工AI通过整合两亿篇英文论文和实时财经数据，将信息更新时效压缩至分钟级。这种资源整合差异，本质上反映了各平台在用户场景理解与数据资产沉淀上的战略分野。

认识 AI 绘画平台

Midjourney

Midjourney是国外开发的基于人工智能技术的图像生成工具，创作者通过输入文本描述即可快速生成高分辨率、风格多样的艺术作品，涵盖写实、卡通、动漫、抽象等多种类型。

平台支持以图生图功能，允许上传参考图片并结合文字指令调整生成效果，还能通过混合多张图片创作融合新作品。其内置深度学习模型可识别复杂的指令及情绪氛围，生成细节丰富、色彩鲜明的图像，尤其擅长人物、场景和创意设计，生成的图像具有较高的美学价值。其操作依托Discord平台，界面简洁易上手，适合设计师、插画师及普通创作者。

Midjourney绘画平台界面如下图所示。

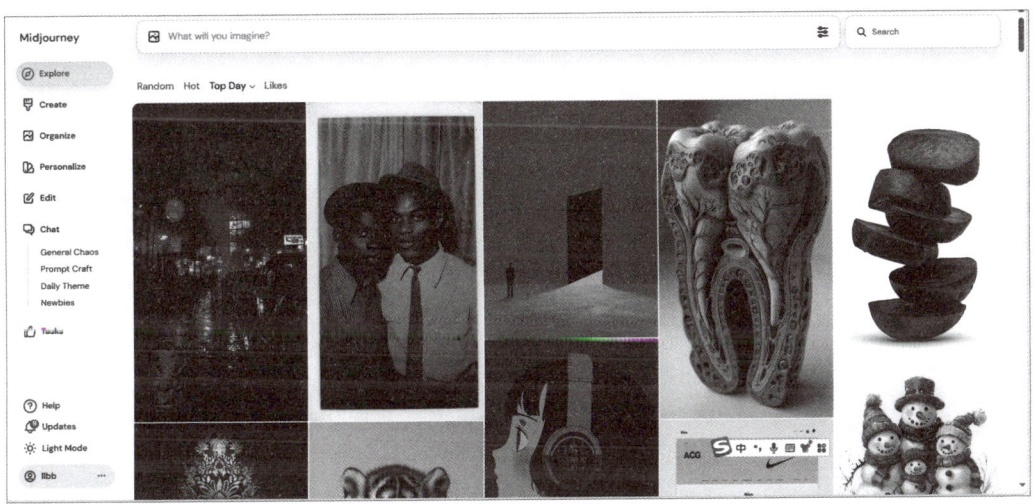

可灵 AI

可灵AI是由快手推出的新一代AI创意生成工具平台，专注于通过AI技术生成高质量图像与视频内容。平台提供文生图、图生图功能，支持多样化模板和中文语义精准生成。

除此之外，可灵AI视频生成能力突出，可基于文本或图片生成最长2分钟的1080p高清视频。

可灵AI绘画平台界面如下图所示。

即梦 AI

即梦AI绘画平台是由字节跳动旗下剪映团队开发的一站式智能创作工具，支持文字生成图片、图片生成图片、文字生成视频及图片生成视频等多种功能，创作者可通过输入中文描述快速生成超现实场景、人物肖像等多样化风格的视觉作品。平台提供智能画布功能，包含扩图、局部重绘、消除笔和高清放大等编辑工具，支持多图融合与细节调整，生成效率高且提供多版本选择。

即梦AI绘画平台的界面如下图所示。

神采 AI

神采AI绘画平台是一款专为设计师打造的智能图像处理工具,支持将涂鸦、照片转化为插画,自动识别人物姿势并生成线稿上色。其特色功能包括自动识别建筑及室内设计线段生成新方案、辅助3D建模的法线信息读取,以及通过语义分割生成多风格图片。

平台提供空房间一键装修、物体插入和材质替换功能,创作者可上传草图快速生成逼真的渲染效果图。此外,AI超模工具能生成多样化虚拟模特展示产品,结合文字效果和创意融合功能,大幅提升设计效率与创意表达。

神采AI绘画平台的界面如下图所示。

商汤秒画

商汤秒画AI绘画平台是由商汤科技推出的免费开放式AI创作工具,基于自研70亿参数的Artist大模型,支持文生图和图生图功能。

其特色功能包括ControlNet精准控制技术,支持姿势调整、线稿上色、深度检测等操作,结合创作者上传的本地图像可快速训练定制化LoRA模型。平台提供油画、水彩、动漫等多种风格的模板,并融合社区开源模型加速生成,推理速度比传统显卡快5倍。

商汤秒画AI绘画平台的界面如下图所示。

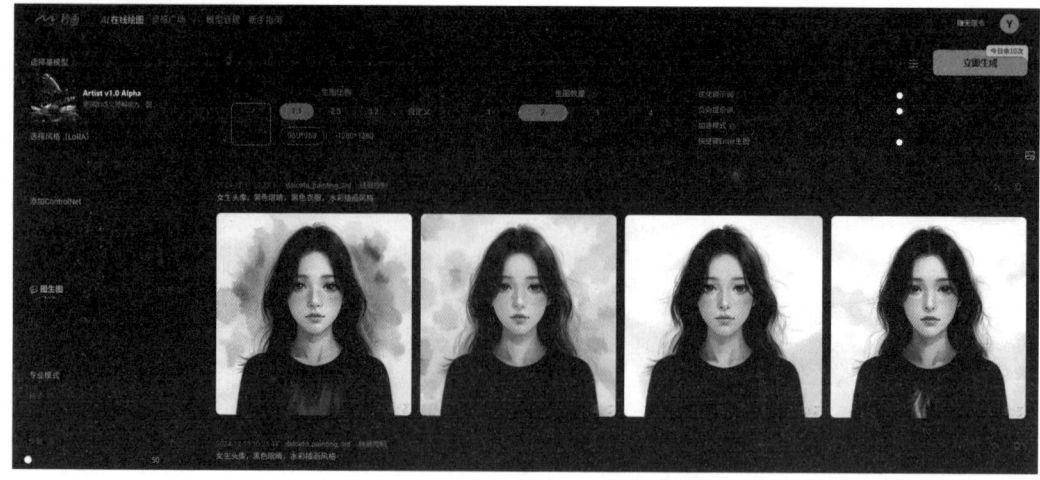

奇域

奇域是一款专注于中式审美的国风AI绘画平台，依托中国传统文化元素，支持创作者通过输入中文描述生成水墨画、工笔画、皮影戏等风格的艺术作品。

平台提供灵活的画幅比例选择和上百种新中式模板，涵盖传统国画与现代插画风格，创作者可自定义咒语（提示词）或通过风格延伸功能生成系列化创作。特色功能包括局部细节微调、参考图融合优化，以及高清重绘技术提升作品的分辨率。其互动社区汇聚头部创作者，支持作品分享、灵感共创和商用授权，目前通过签到、推荐好友等机制提供免费创作额度。

奇域AI绘画平台的界面如下图所示。

星流

星流是由LiblibAI推出的一站式AI图像生成平台，基于自研的Star-3Alpha模型，具备高精度图像生成功能，支持多样化风格，如写实、插画、动漫等。其特色功能包括以图生图的风格迁移、局部重绘修改细节、智能扩图扩展画面内容，以及高清放大提升分辨率。平台支持中文提示词输入和自然语言描述，内置超10万组参数的LoRA模型库，可快速响应创意需求，适用于电商产品图制作、广告设计、建筑可视化等场景。

星流AI绘画平台的界面如下图所示。

通义万相

通义万相是由阿里云推出的AI绘画平台，支持文生图、图生图、风格迁移3大核心功能，用户可通过文字描述或上传图片快速生成多样化的艺术作品，并自由选择水彩、油画、中国画等8种特色鲜明的艺术风格。同时，它还提供了相似图生成功能。作为阿里云通义大模型的系列成员，该平台整合了文本、图像等多模态处理能力，适用于艺术设计、广告营销等多元场景。

通义万相AI绘画平台的界面如下图所示。

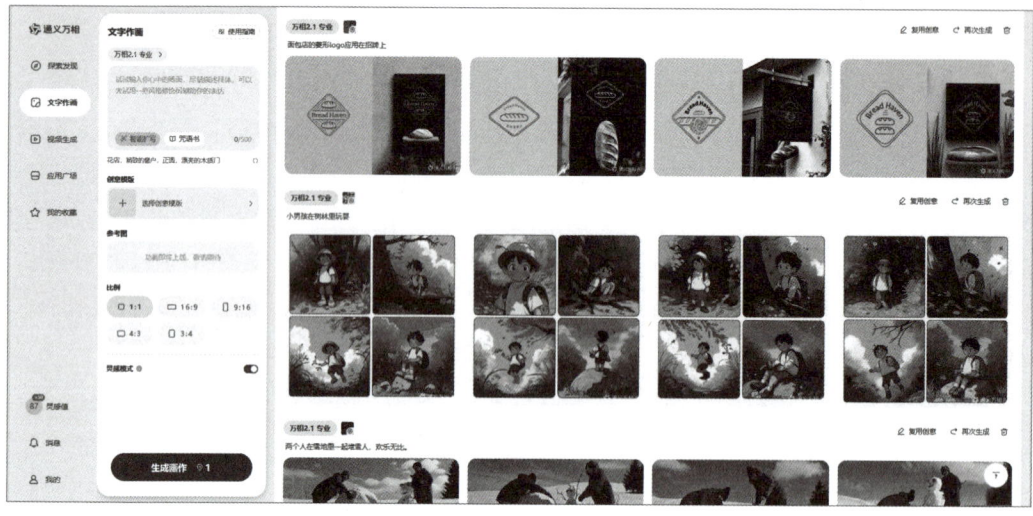

跟 DeepSeek 对话的技巧

不需要一直开启 R1 模式

如果开启R1模式，整个运行过程会显得极为冗长。在这个过程中，AI需要进行大量复杂且精细的深度思考与推理，每一个步骤都要经过反复运算和分析。如此一来，不仅耗费大量的时间，效率也会变得很低，导致获取最终答案的速度大幅减慢。

例如，在腾讯元宝平台开启R1的深度思考模式下，这道题整整用了508秒，推理文字展示了10屏，才得到答案。

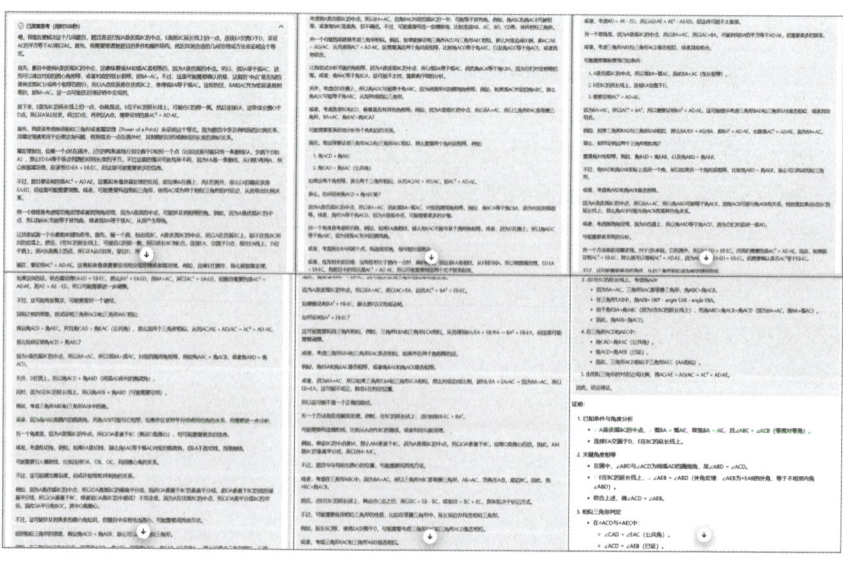

不需要一直开启联网搜索功能

当使用AI模型解答以特定资料为前提的问题时，不要开启联网搜索功能，否则，AI模型会通过联网搜索扩展资料，从而使解答偏离考核要点。

例如，下面是一道思想政治题目。

我的提问

> 中国工程院院士黄伯云以其对"炭/炭复合材料"发明的杰出贡献，荣获了连续6年空缺的国家科学技术发明一等奖。这个和世界上最硬的材料打交道的人，周末和节假日几乎都在实验室度过。当实验一次又一次遭遇失败时，他没有退缩。在科研经费有限和设备落后的情况下，"啃"下了一个又一个"硬骨头"。他从心里迸发出一个誓言："中国人不仅应自行研发新产品，而且在技术上要争第一。"凝聚20年的心血，中国飞机依赖进口刹车片才能"落地"的历史被改写。根据以上资料谈谈对上述材料中"誓言"的认识。

在联网的情况下，AI模型会搜索其他资料，从而做出过于丰富的解答。

AI 回答

> 黄伯云院士的誓言"中国人不仅应自行研发新产品，而且在技术上要争第一"，体现了中国科研工作者在核心技术自主创新中的民族责任感和战略远见。这一誓言的核心内涵可从以下角度理解。
>
> 1. 突破技术封锁的必然选择
>
> 黄伯云团队在研发炭/炭复合材料时，曾试图购买国外技术却遭遇欺骗（文献1、3提到购买的产品实为废品），这让他深刻认识到依赖进口的被动性。誓言中"自行研发"的诉求，正是对西方技术垄断的直接回应。通过独创的"逆定向流——径向热梯度沉积热解炭技术"（文献1、3、4），团队不仅打破了欧美国家长达20年的技术封锁，更实现了性能超越——国产刹车片使用寿命比国外产品提高9%，价格降低21%（文献5、10）。
>
> 2. 科技报国的精神内核
>
> 誓言中"争第一"的目标，源于黄伯云留学期间的经历：他在美国发表论文时因国籍标注问题深感屈辱（文献1、3），最终放弃优渥的条件回国（文献6、9）。这种将个人理想与国家需求紧密结合的信念，推动他带领团队在经费有限、设备落后的条件下，用20年攻克碳原子排列等世界性难题（文献1、3、10）。正如他所说："中华大地是科技工作者创业的沃土，满足祖国需要是永恒的追求"（文献6）。
>
> ......

在上面的回答中，"曾试图购买国外技术却遭遇欺骗""逆定向流——径向热梯度沉积热解炭技术""国产刹车片使用寿命比国外产品提高9%，价格降低21%"等是题目中没有给出的。

注意文本格式避免 DeepSeek 误解

在撰写问题时，如果文本分段或顺序不恰当，可能会让大模型产生误解。

例如，在下面的问题中，笔者将问题"以上两句话里标点符号有没有错误，为什么？"放在第2句话的后面，且第1句与第2句分属于两段，如下图所示。导致AI模型在理解时以为此问题仅仅是针对2句的，从而输出了错误的结果。

当笔者调整了顺序并重新分段后，得到了正确的结果，如下图所示。

在输入提示词的过程中，笔者使用了Shift+Enter组合键，以便于在提示词框中进行分段输入。

善用 AI 自动追问功能

有一些AI模型在回答问题后，会列出针对此问题的自动追问问题，如下图所示为豆包与Kimi的追问截图。

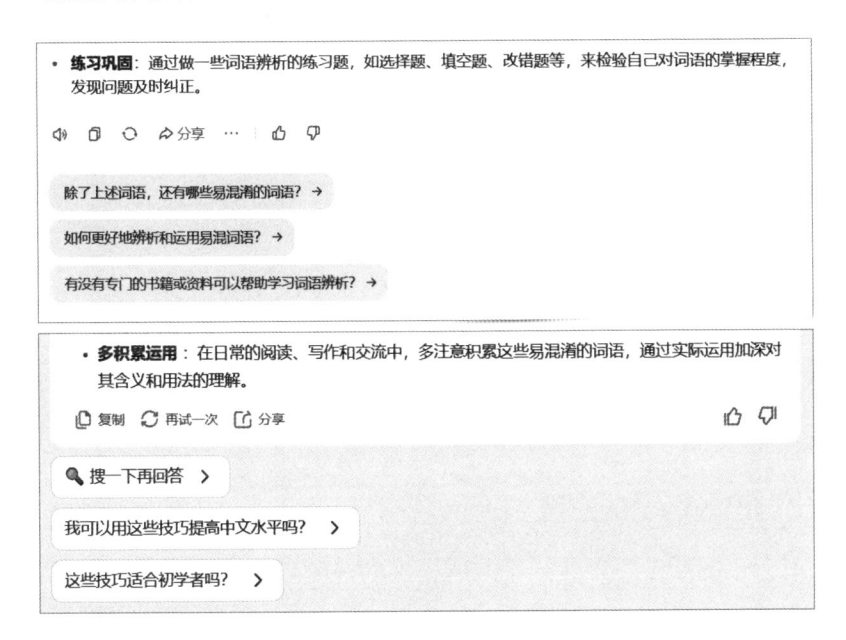

不同类话题要新建对话

目前主流大模型在使用时都具有保存历史对话的功能，但这些历史对话往往会使用每一次对话的第一个问题的前面几个文字，如下图左侧所示。

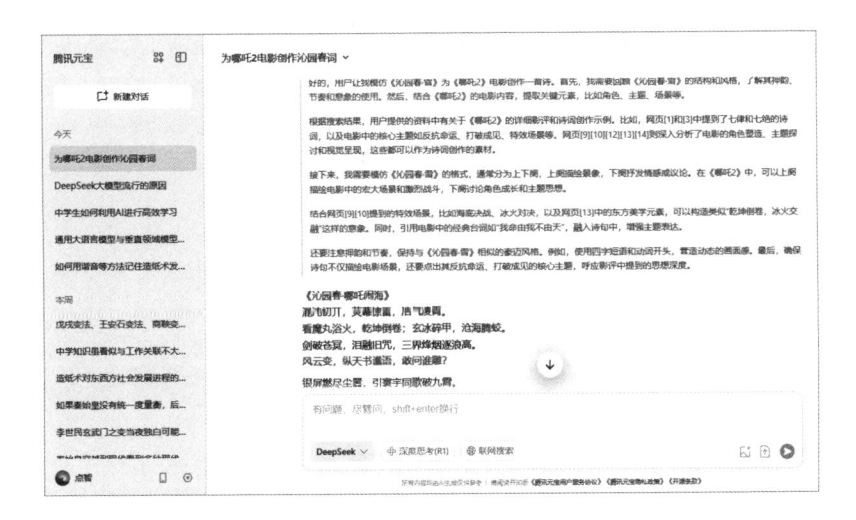

因此，在使用一段时间大模型后，如果希望从这些历史对话中寻找某一个问题，只能够依靠界面侧边的历史对话列表来查找。

如果在对话时，不同的话题保持在一个对话主题页面内，就会导致后期在寻找这些话题时，难以通过列表前面的文字精确定位。

针对这个问题，除了可以按本节标题所述，每当换话题或问题时，总是新建一个对话，也可以在话题列表上点击话题右侧的三个点，然后在弹出快捷菜单中选择"编辑名称"选项，用一个有代表性、总结性的文字来命名当前话题页面里面的所有内容，如下图所示。

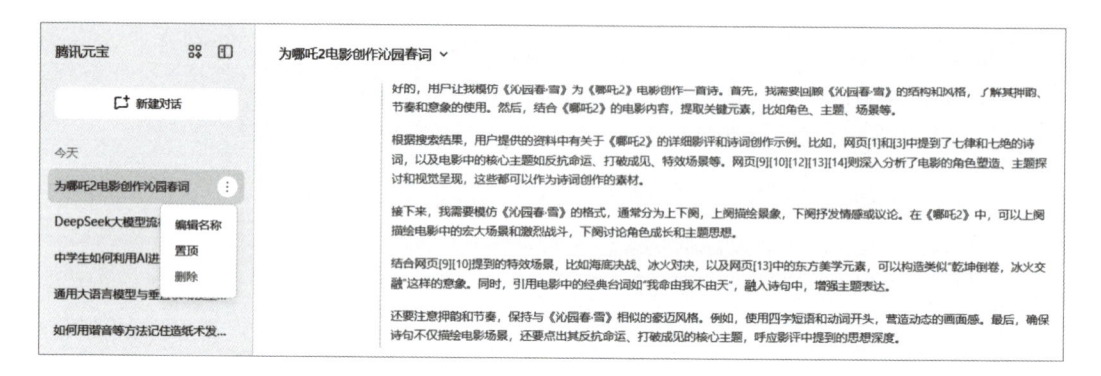

分享或导出自己的话题的方法

同学之间分享高质量话题是一个共同提高的快捷方法，以本书使用频率最高的腾讯元宝为例，在如下图所示的话题页面的下方点击 ↗ 按钮，则可以通过点击"复制链接小程序码生成图片"按钮，从而将当前话题，以链接、小程序码的形式快速在社交媒体上分享出去，如果点击的是"图片"按钮，则可以生成一张长图。

其他平台的操作虽然略有区别，但也大同小异，大家可以自行探索。

遵循一定的提示词撰写规范

什么是提示词

提示词在AI学习工具的使用场景中扮演着至关重要的角色。简单来说，它是一种用于引导AI模型生成特定内容的文本输入。当用户向AI学习工具提出需求时，通过输入提示词，能够帮助AI更准确地理解用户的意图，从而输出更贴合需求的结果。

例如，如果用户想要了解关于"人工智能发展历程"的知识，只是简单地输入"人工智能"这个词，AI学习工具可能会给出过于宽泛的信息，包括人工智能的定义、应用领域、对未来的展望等众多方面。但当用户将提示词细化为"请简述人工智能从起源到现在的关键发展阶段，以及每个阶段的重要成果"，这样的提示词就明确了主题范围（人工智能发展）、要求内容（关键阶段与重要成果），使得AI能够聚焦于特定的知识点进行输出，极大地提高了信息获取的精准度和有效性。

例如，在右侧所示的AI工具界面中，下方输入框中的文字就是提示词。

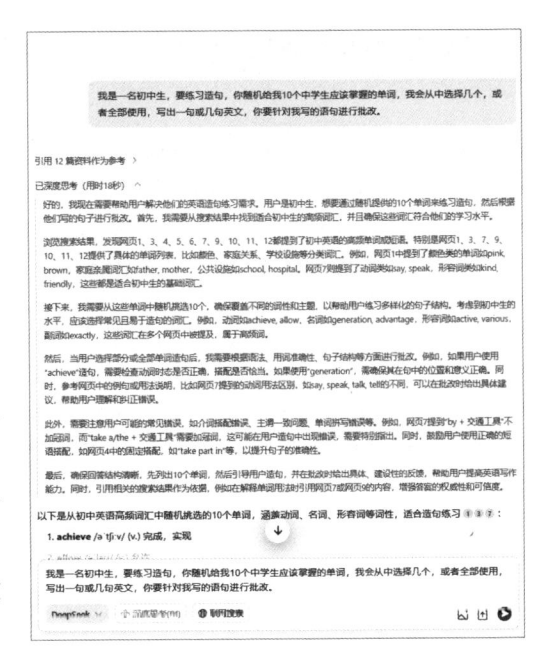

撰写提示词的几个通用技巧

| 明确主题范围 |

在向AI提出请求时，需要清晰界定所涉及的主题领域，使AI明确聚焦的方向，避免输出的内容过于宽泛。

例如，若要写一篇关于宋朝的文章，可在提示词中写"聚焦宋朝的文化发展情况"，这样AI就会围绕"宋朝文化"这一主题提供信息，避免出现其他无关内容，提高信息获取效率。

| 细化要求内容 |

除了明确主题，还需详细说明希望AI输出的具体内容要点，如关键要素、重要事件、具体特征等，以便AI更准确地把握需求，输出更具针对性的内容。

例如，要求AI帮助梳理一篇文言文知识点，可写"请详细梳理《岳阳楼记》中的重点实词、虚词、特殊句式，以及文章的写作手法"，这样AI就能从这些具体方面进行整理，帮助用户更精准地学习。

| 使用准确词汇 |

选择准确、恰当的词汇来表达需求，避免使用含糊不清、多义或容易引起歧义的词语，确保AI能正确理解提示词的含义，从而生成符合预期的结果。

例如，在向AI请教数学题时，不应使用"好像""可能"等模糊的词汇，而是准确表述"这道几何题，我在解三角形相似这一步遇到了困难"，用准确的词汇清晰描述问题，便于AI准确解答。

| 合理控制长度 |

提示词的长度要适中，既不能过于简略，导致信息不足，让AI难以准确把握需求，也不能过于冗长复杂，使AI难以提炼核心要点。应根据具体需求，用简洁明了的语言将关键信息表达完整。

例如，让AI帮助检查英语作文错误时，不应只写"帮我看看这篇作文"，也不应写一大段无关的内容，可简单明了地写"请帮我检查这篇英语作文的语法错误和单词拼写错误，作文主题是关于校园生活的"，使长度适中且重点突出。

| 避免歧义和模糊性 |

在撰写提示词的过程中，要仔细检查是否存在可能产生歧义的地方，尽量使语句表达清晰、准确、具体，确保AI能按照本意进行内容生成，避免出现与预期不符的结果。

例如，在学习古诗词鉴赏时，想让AI分析一首诗的情感表达，如果说"分析这首诗的情感"，这就比较模糊，因为诗的情感可能有很多层面。此时，可以改为"分析《登高》中诗人杜甫所表达的悲秋之情和身世之悲是如何通过具体意象体现的"，这样就明确了要分析的情感类型及分析的角度，避免了歧义，AI也能更准确地回答。

| 结合具体情境 |

不同的学习场景，撰写提示词的方式应有所不同。在学习比较难的学科知识时，提示词要更严谨一些；在做一些简单的知识拓展时，可以相对随意一点。

例如，在写化学实验报告时，提示词可以写得很专业、详细，如"关于酸碱中和反应的实验报告，要求包含实验目的、实验器材、实验步骤、数据处理方法及实验结论等内容"；但如果想让AI讲一个有趣的历史小故事，就可以写得轻松些，如"给我讲一个关于三国时期诸葛亮的有趣的小故事，不要太复杂"。

第 3 章　用 AI 学习语文

巩固语文基础知识

快速批量认识生僻字

在学习汉字的过程中，系统性地掌握特殊结构的生僻字能够有效地提升识字效率。通过解析文字构成规律与读音特征，结合部首叠加的造字原理进行记忆，可以突破传统逐字记忆的局限，形成结构化认知体系。

下面是笔者在腾讯元宝里使用的提示词及得到的结果。

我的提问

3个石、3个火、3个水、3个又分别是什么字，以及4个石、4个火、4个水、4个又分别是什么字？如何读？

AI 回答

关于您提到的三叠字和四叠字，根据搜索结果整理如下。
一、三叠字（由3个相同的字组成）
1. 三个石
磊（lěi）：表示石头堆积，如"光明磊落"。
2. 三个火
焱（yàn）：指火花或火焰，引申为光彩闪耀。
3. 三个水
淼（miǎo）：同渺，形容水势浩大，如"烟波浩淼"。
4. 三个又
叒（ruò）：古同"若"，表示顺从或东方神木。
……

与此类似，还可以向AI做如下提问。
1. 请解析3个金、3个木、3个土、3个人分别组成的汉字及其读音。
2. 4个相同的"口""日""月""田"各构成什么汉字？如何发音？
3. 列举品字形结构的生僻字（如晶、森、众）。

解读长句、难句的语法结构

掌握复杂句式的语法结构是提升语言理解能力的重要环节。通过拆解长难句的组成成分，能够帮助学生准确理解句意内涵，培养逻辑分析能力。下面将以具象化的场景描写为例，系统剖析句子中的语法要素，并辅以仿写训练强化句式运用技巧，使学生在实践过程中逐步建立对复合句式的认知框架。

下面是笔者在腾讯元宝里使用的提示词及得到的结果。

我的提问

请对句子"深秋黄昏，裹着粗线针织围巾的老画家专注地描绘着铺满金黄落叶的林间长椅，记录下一缕穿过云层缝隙的斜阳光，那是他等待整个阴雨午后才盼来的短暂灵感，翻飞的画纸像蝴蝶般掠过他沾满颜料的帆布鞋。"进行成分分析，标注出主语、谓语、宾语、定语、状语，并生成3个类似结构的仿写练习题。

AI 回答

句子成分分析

原句：深秋黄昏，裹着粗线针织围巾的老画家专注地描绘着铺满金黄落叶的林间长椅，记录下一缕穿过云层缝隙的斜阳光，那是他等待整个阴雨午后才盼来的短暂灵感，翻飞的画纸像蝴蝶般掠过他沾满颜料的帆布鞋。

1. 主语：

老画家

画纸（最后一个分句的主语）

2. 谓语：

描绘着、记录下、是、掠过

3. 宾语：

林间长椅、斜阳光、灵感、帆布鞋

4. 定语：

深秋黄昏（时间限定）

裹着粗线针织围巾的（修饰"老画家"）

铺满金黄落叶的（修饰"林间长椅"）

穿过云层缝隙的（修饰"斜阳光"）

等待整个阴雨午后才盼来的短暂（修饰"灵感"）

沾满颜料的（修饰"帆布鞋"）

……

与此类似，还可以向AI做如下提问。

1. 请分析句子"当暮色染红天际线时，背着单反相机的摄影师正在抓拍掠过古桥拱顶的迁徙雁群，捕捉那些翅膀尖端沾染着落日余晖的优雅剪影。"的语法成分，并设计两个比喻句仿写任务。

2. 请拆解"在图书馆穹顶透下的晨光中，捧着线装典籍的汉服少女认真临摹着扉页上的篆体印章，试图还原墨迹间沉淀的千年文化密码。"的句式结构，生成3个包含四字成语的仿写例句。

3. 请标注"在暴雨初歇的操场上，系着红领巾的少先队员正仔细擦拭被雨水打湿的英烈雕像，指尖触碰到的冰凉花岗岩上铭刻着半个世纪前的烽火岁月。"的句子成分，创作两个环境描写仿写练习。

修改病句

修改病句是常见的语文题型，这种题型对许多学生来说都相当有难度，因为这不仅要求学生有深厚的语文功底、严谨的逻辑，还要有语感。因此，每当遇到这样的题型时，许多学生往往经过长时间思考，仍无法得到正确的答案。

面对这一窘境，不妨借助AI技术。看上去学生们借助AI获得了答案，好像是投机取巧，但实际上这与直接看答案还是有本质区别的。因为在使用AI时，学生可以知其然，并知其所以然，通过不断发问，让AI深入解析题目。

下面是笔者在腾讯元宝里使用的提示词及得到的结果。

我的提问

生命没有高低贵贱之分。尽管我们很渺小，但应该必须让自己知道"我很重要"。对父母，我们是他们安享晚年的保障；对朋友，我们是他们倾诉衷肠。任何时候都不要看轻自己，要敢于说"我很重要"。这样，你才会走进新的一页。让我们昂起头，对着我们这颗美丽的星球上的无数生灵，响亮地宣布我很重要！

以上句子存在语病错误，请找出来分析具体原因，并进行改正。

AI 回答

以下是对句子中存在的语病错误的具体分析和修改建议。

一、成分赘余
原句：
"尽管我们很渺小，但应该必须让自己知道'我很重要'。"
问题：
"应该"与"必须"语义重复，属于成分赘余。
修改建议：
删去"必须"或"应该"。
改正后：
"尽管我们很渺小，但必须让自己知道'我很重要'。"
（或"尽管我们很渺小，但应该让自己知道'我很重要'。"）
二、成分残缺
原句：
"对朋友，我们是他们倾诉衷肠。"
问题：
缺少宾语，句子不完整。"倾诉衷肠"后需补充动作对象。

> 修改建议：
> 在句末添加"的对象"或"的人"。
> 改正后：
> "对朋友，我们是他们倾诉衷肠的对象。"
> ……

与此类似，还可以向AI做如下提问。

1.请分析以下段落中的标点符号使用错误，并给出修改建议："春天来了万物复苏柳树抽出了新芽桃花绽开了笑脸人们纷纷走出家门感受春天的气息。"

2.请分析以下句子："通过这次班会，使同学们不仅深刻认识到沉迷网络游戏会导致成绩下降和视力受损，而且还要注意用眼卫生。"要求：①用符号标注主语、谓语、宾语；②指出两处语病类型（成分残缺/关联词误用）；③给出两种修改方案并对比效果差异。

3.请优化这段文字的逻辑结构："由于经常锻炼身体，所以他的免疫力强。虽然他每天工作很忙，但总会抽空跑步。良好的身体素质使他很少生病。"

分析对比复杂的角色关系

在文学经典研究中，系统地梳理主要人物特征及其命运关联具有重要意义。通过对比《西游记》《水浒传》《三国演义》《红楼梦》4部巨著的核心人物，既能把握不同作品的艺术特色，又能理解作者塑造人物的深层意图，有助于直观地展现人物性格与故事结局的逻辑关系。这种研究方法既符合文学分析的基本范式，又能为现代读者提供新的解读视角。下面是笔者在腾讯元宝里使用的提示词及得到的结果。

我的提问

> 请对比《西游记》《水浒传》《三国演义》《红楼梦》四大名著中最主要的4个人物的特征，并分析这些人物性格与书中结局之间的关系。

AI 回答

> 《西游记》是中国古典四大名著之一，由明代吴承恩创作。以下是主要人物及其性格特点的总结。
>
> 主要人物及性格分析
>
> 1.唐僧（玄奘）
>
> 性格特点：心地善良、信仰坚定、严守戒律，但有时是非不分、固执迂腐。
>
> 相关情节：三打白骨精（误信妖怪而责备悟空）、四圣试禅心（面对诱惑坚守本心）、女儿国遇难（不为情欲所动）。
>
> 角色意义：象征信仰与坚持，但人性的局限（轻信、懦弱）也体现其复杂性。

> 2.孙悟空（行者）
> 性格特点：机智勇敢、疾恶如仇、桀骜不驯，兼具反抗精神与忠诚。
> 相关情节：大闹天宫（反抗权威）、三打白骨精（识破伪装）、三借芭蕉扇（智斗妖魔）。
> 角色意义：自由与反抗的化身，从叛逆到皈依的成长体现对责任的理解。
> ……

与此类似，还可以向AI做如下提问。

1.请解析《巴黎圣母院》《罪与罚》《百年孤独》《老人与海》4部作品中主要人物的心理变化轨迹。

2.比较莎士比亚"四大悲剧"与汤显祖"临川四梦"中人物关系的构建方式。

3.对比《战争与和平》《飘》《围城》《平凡的世界》4部小说中时代背景对人物命运的塑造作用。

仿写古诗词

古诗词作为中华文化的瑰宝，承载着历代文人的思想情感与艺术追求。通过研读经典诗作，不仅能领略汉语的韵律之美，更能深入理解特定历史时期的社会风貌。模仿创作是掌握诗词艺术的重要途径，借助对名家作品的解构与再创作，可以更深刻地体会诗歌的情感意蕴与创作技巧。现代人工智能技术为此提供了新思路，通过生成符合古典格律的模拟作品，帮助学习者直观地感受不同诗人的艺术特色。

下面是笔者在腾讯元宝里使用的提示词及得到的结果。

我的提问

> 白居易所写的《钱塘湖春行》通过对杭州西湖早春明媚风光的描绘，抒发了作者早春游湖的喜悦和对西湖风景的喜爱。请按照此诗的主旨为秋季的北大未名湖创作一首类似的诗，其中包含学子对北大的向往。

AI回答

> 《未名秋行》
> 博雅塔前晓雾收，未名湖畔锦云流。
> 几丛银杏铺金径，何处丹枫映玉楼。
> 石舫临风聆古训，钟亭倚月话新猷。
> 长夜未妨心炽热，万卷星辉引梦舟。
> 诗意解析
> 1.秋景与学术气象的交融
> 首联以"博雅塔未名湖"点明北大核心地标，用"晓雾收锦云流"展现秋日晨昏的天光变幻，呼应白居易诗中"水面初平云脚低"的观察视角。

2.学子求索的动态描摹

颈联"石舫临风钟亭倚月"融入北大特有景观（石舫为未名湖文物，钟亭象征时间与传承），以"聆古训话新献"表现学子在历史与当代思想碰撞中的成长。

……

与此类似，还可以向AI做如下提问。

1.请参照王维《山居秋暝》中"空山新雨后"的意境，为春日校园创作一首五言律诗，要求体现青年学子晨读的场景与静谧的学习氛围。

2.模仿杜甫《登高》借景抒怀的手法，以冬季图书馆为场景创作七言律诗，需包含对知识海洋的敬畏与求学精神。

3.依照李商隐《夜雨寄北》的抒情方式，为中秋节的大学自习室创作七绝，需要融合月色意象与异地求学的思乡之情。

用飞花令法巩固诗词

飞花令，源自古人雅集时的文字游戏，围绕特定关键字展开诗词接龙，要求参与者调动诗词储备，在限定的主题下快速联想、精准对接，既考验积累的广度，也强调思维的敏捷性。对中学生而言，飞花令不仅是诗词学习的趣味载体，更是巩固记忆的高效工具——通过高频调用诗句、强化语境关联，它能将零散的知识点串联成网，深化人们对诗词韵律、意象及情感的理解。

下面是笔者在腾讯元宝里使用的提示词及得到的结果。

我的提问

你现在是一名诗词飞花令游戏的参与者，我们两个每人每轮说一句关于"雨"字的诗词。第一轮由我开始："好雨知时节，当春乃发生。"接下来的轮次由你说出相关的诗词句子，围绕"雨"字展开，不要出现重复的诗句。

AI 回答

"夜来风雨声，花落知多少。"——孟浩然《春晓》

我的提问

回首向来萧瑟处，归去，也无风雨也无晴。

AI 回答

"天街小雨润如酥，草色遥看近却无。"——韩愈《早春呈水部张十八员外》

我的提问

七八个星天外，两三点雨山前。

AI 回答

"春潮带雨晚来急,野渡无人舟自横。"——韦应物《滁州西涧》

我的提问

黑云翻墨未遮山,白雨跳珠乱入船。

AI 回答

"梧桐更兼细雨,到黄昏、点点滴滴。"——李清照《声声慢·寻寻觅觅》

我的提问

玉容寂寞泪阑干,梨花一枝春带雨。

AI 回答

"空山新雨后,天气晚来秋。"——王维《山居秋暝》

我的提问

竹杖芒鞋轻胜马,谁怕?一蓑烟雨任平生。

AI 回答

"雨里鸡鸣一两家,竹溪村路板桥斜。"——王建《雨过山村》

我的提问

春潮带雨晚来急,野渡无人舟自横。

AI 回答

"南朝四百八十寺,多少楼台烟雨中。"——杜牧《江南春》

我的提问

山河破碎风飘絮,身世浮沉雨打萍

AI 回答

"黄梅时节家家雨,青草池塘处处蛙。"——赵师秀《约客》
……

与此类似,还可以向 AI 做如下提问。

1.你现在是一名诗词飞花令游戏的参与者,我们两个每人每轮说一句带"山"字的诗词。第一轮由我开始:"会当凌绝顶,一览众山小。"接下来的轮次由你说出相关的诗词句子,围绕"山"字展开,不要出现重复的诗句。

2.我们以"春"字展开飞花令,我们两个每人每轮说一句,第一轮我先说:"春眠不觉晓，处处闻啼鸟。"接下来请你说出包含"春"字且未出现过的诗句。

3.现在进行"月"字飞花令，我们两个每人每轮说一句，我先说："举头望明月，低头思故乡。"请接续含有"月"字的诗句，注意避免重复，接下来的轮次由你说出关于"月"的诗句。

分析易混字并提出记忆方法

汉字中存在大量字形相近而意义迥异的文字，这类易混字给学习者带来较大的辨识困难。掌握科学的辨析方法需要从构字规律入手，结合具体的语境理解差异。通过系统梳理常见易混字组，归纳其字形特征与记忆要点，能够有效提升文字运用的准确性。

下面是笔者在腾讯元宝里使用的提示词及得到的结果。

我的提问

> 汉字中有许多字形相似、字义不同的文字，在记忆并辨析这些文字时，应该采取哪些有效方法？以惦和掂、赡和瞻、溃和馈、敝和蔽、燥和躁进行示例，示例时分组列出这些字的记忆方法、读音，最后进行总结。

AI 回答

> 以下是几组形近字的辨析方法与示例，结合字形、字义和读音特点进行分组说明。
> 第一组：惦（diàn） vs 掂（diān）
> 记忆方法
> 惦（diàn）：竖心旁（忄）+"店"，表示与心理活动相关，如"惦记""惦念"。
> 掂（diān）：提手旁（扌）+"店"，表示用手托物估量轻重，如"掂量"。
> 口诀：
> 心中挂念用"惦"，手托物品用"掂"。
> ……

与此类似，还可以向AI做如下提问。

1.如何系统区分多音字的不同用法？以"着""和""行"为例说明规律。

2.现代汉语中哪些形近词容易误用？请就必须—必需、反应—反映分析异同。

3.成语中的易混字如何辨析？举例解析"罄竹难书"与"钟磬齐鸣"中"罄"和"磬"的区别。

针对标点符号进行辨析

正确使用标点符号是书面表达的重要基础，它直接影响语句的语义完整性和情感传达效果。在中学语文教学中，对标点符号的规范使用进行专项训练，有助于提升学生语言表达的准确性与严谨性。通过具体的例句分析常见标点错误，引导学生理解不同语境中标点的正确用法，可以培养其细致观察和逻辑分析能力。

下面是笔者在腾讯元宝里使用的提示词及得到的结果。

我的提问

下面有两句话，分析这两句话里的标点符号有没有错误，并指出为什么。
①最近多名省部级高官因贪污受贿被判处死刑，人民群众无不拍手称快，但人们还在关注着检察机关对那些行贿者将如何处置？
②网络技术对艺术传统的冲击不容忽视，对新艺术形式的催生已初露端倪。人们不得不思考，高科技的发展将导致艺术的沉沦？还是会迎来新时代的文艺复兴？

AI 回答

标点符号分析：
①错误
原句：
"但人们还在关注着检察机关对那些行贿者将如何处置？"
错误原因：
句子虽有疑问词"如何"，但整体是陈述语气（陈述"人们关注某事"的事实），并非直接提问，因此句末应使用句号而非问号。根据文献[1][5][9]，当疑问结构作为"关注/思考"等动词的宾语时，即使有疑问词，句末仍用句号。
正确标点：
"但人们还在关注着检察机关对那些行贿者将如何处置。"
……

与此类似，还可以向AI做如下提问。
1.请举例说明分号与句号在复杂句式中的区别用法。
2.分析以下句子中的破折号是否使用得当：这位诗人——他的作品充满浪漫主义色彩——即将举办作品朗诵会。
3.对比括号与逗号用于补充说明时的差异，并举出相关例子。

辨别同义、近义词

在汉语词汇的海洋中，存在着大量意义相近却用法迥异的词语组合。这类词语往往在词义轻重、感情色彩、搭配对象等方面存在细微差异，若不能准确辨析极易造成语用失误。通过对比分析典型近义词组的语义特征，结合具体语境中的使用范例，可以归纳出系统性的辨别方法，这对提升语言表达的精确性和规范性具有重要意义。

下面是笔者在腾讯元宝里使用的提示词及得到的结果。

我的提问

汉字里有一些字词意义相近，但用法却又完全不同，如勾通与沟通、伺候与侍候、宣布与宣传、督促与敦促、品味与品位、质疑与置疑，如何准确区别这些词语？给出正确的例句，并总结一下区别这类词语的要点是什么。

AI 回答

要准确区分汉字中意义相近但用法不同的词语，需结合词性、情感色彩、使用对象、搭配习惯等角度进行分析，并通过例句对比强化理解。以下是具体词对辨析、例句及总结要点。

一、具体词对辨析与例句

1. 勾通 vs 沟通

区别

勾通（贬义）：暗中勾结、串通（多用于负面行为）。

沟通（中性）：双方交流信息或情感。

例句

他暗中勾通竞争对手，泄露公司机密。（×违法行为）

团队定期开会沟通项目进展。（√正常交流）

2. 伺候 vs 侍候

区别

伺候（cì hou）：对象广泛（人、动植物均可），口语化。

侍候（shì hou）：对象多为长辈或尊贵者，含敬意。

例句

她每天细心伺候生病的宠物猫。（×照顾动物）

子女应尽心侍候年迈的父母。（√尊敬长辈）

……

与此类似，还可以向AI做如下提问。

1.成语"见异思迁"与"喜新厌旧"都表示改变心意，二者在情感色彩和适用场景上有何不同？请举例说明。

2.文言虚词"之"和"其"在作代词使用时有何区别？结合《桃花源记》和《醉翁亭记》中的例句分析。

3.比喻与象征两种修辞手法在诗歌创作中的运用有何异同？以《再别康桥》和《雨巷》为例进行对比说明。

辨别并解释熟语运用

在语言运用实践中，准确理解和恰当使用熟语是提升表达规范性的重要环节。通过分析具体语境中词语的误用现象，既能加深对汉语固定搭配规律的认识，又能培养严谨的语言运用意识。此类训练要求既要有具体语句的辨析能力，又要掌握系统性的学习方法。

下面是笔者在腾讯元宝里使用的提示词及得到的结果。

我的提问

分析以下语句里,哪些词运用不合适,并分析问题所在,总结此类题型应该如何作答,以及此类知识点应该如何搜集、整理并学习掌握。

1.您刚刚乔迁新居,房间宽敞明亮,只是摆设略显单调,建议您挂幅油画,一定会使居室蓬荜生辉。

2.年轻的城市,更需要青春和活力,更需要丰富的想象力和摧枯拉朽的创造力,更需要不断超越的勇气。

AI 回答

一、语句分析及问题定位

例句1

"您刚刚乔迁新居……一定会使居室蓬荜生辉。"

问题词:蓬荜生辉

错误原因:

1.对象误用:"蓬荜生辉"(péng bì shēng huī)是谦辞,表示因他人来访或馈赠为寒舍增添光彩,主语应为他人的行为让说话者家中增光,而非主动修饰居室的装饰效果。

2.情感色彩不当:原句为建议客户美化新居,需表达积极效果,但"蓬荜生辉"隐含自谦之意,与语境不符。

修改建议:改为"熠熠生辉"(形容光彩闪耀)或"增色不少"(强调增添美感)。

……

与此类似,还可以向AI做如下提问。

1.请分析下列语句中熟语运用是否得当,若不当请指出问题所在,并说明正确用法。同时总结此类熟语运用辨析题的答题步骤,以及怎样在初中语文学习里系统地整理和学习熟语知识。语句如下:在这个竞争激烈的时代,我们要有"初生牛犊不怕虎"的精神,不能总是"前怕狼后怕虎",但也不能"不管三七二十一"地盲目行动,否则就会"竹篮打水一场空"。

2.辨别以下熟语运用是否恰当,解释其使用错误或正确的原因,总结此类题型的答题思路,以及在初中语文学习中怎样积累和运用熟语知识。语句如下:①他在演讲时目空一切,赢得了同学们的阵阵掌声。②这篇文章的结尾画龙点睛,让人回味无穷。

3.请辨别以下语句中熟语的运用是否正确,若不正确请指出问题所在,并给出正确示例。另外,总结此类题型的解题方法,以及如何收集、整理并学习掌握此类知识点。语句:我今天考试没考好,回家的路上心里七上八下的,害怕被妈妈批评。

按给定条件扩写语句

在语言表达能力训练中，扩写练习是培养细节描写和场景构建能力的重要方法。通过给定情景要素与核心意象，要求围绕指定重点展开合理想象与细致描写，既能锻炼观察能力，又能提升修辞运用水平。借助AI技术生成多样化扩写范例，可为学习者提供多维度的参考样本，帮助其掌握不同场景下的描写技巧，增强语言表现力。

下面是笔者在腾讯元宝里使用的提示词及得到的结果。

我的提问

> 据下列两种情景，以"歌声"为重点，分别扩展成一段话，每段话不少于30个字。
> 情景一：毕业典礼上、同学们、歌声
> 情景二：考试前夕、我、歌声

AI回答

> 情景一：毕业典礼上的歌声
> 在缀满彩带的礼堂里，同学们手挽手齐唱《凤凰花开的路口》，歌声如潮水般漫过每个人的眼眶。有人将校徽贴在胸口，闭眼时睫毛轻颤，尾音里藏着哽咽；后排男生故意抬高声调，用沙哑的嗓音掩盖颤抖。旋律裹着三年晨跑的汗水、晚自习的灯火，在礼堂穹顶织成一张透明的网，兜住所有未说出口的"珍重"。
> ……

与此类似，还可以向AI做如下提问。

1. 根据运动会颁奖台和社区志愿者活动两个场景，以"阳光"为重点各写一段描写，要求使用比喻这一修辞手法。
2. 围绕家庭聚餐与医院候诊室两个情境，以"时钟"为核心意象进行细节扩写。
3. 针对台风过后的街道和初春的植物园两种环境，重点描写积水在不同场景中的形态表现。

通过加元素的方法练习扩写

在写作训练中，采用添加元素的方式对基础语句进行扩展，是提升语言表现力的有效途径。通过叠加环境描写、色彩渲染、动作刻画、视角切换、声音烘托及心理活动等维度，能够使原本单薄的文字呈现出立体生动的画面感。这种训练方法不仅有助于培养观察细节的能力，更能系统性地强化语句的感染力与叙事张力。

下面是笔者在腾讯元宝里使用的提示词及得到的结果。

我的提问

> 以针对某一主体通过加环境、加颜色、加动作、加视角、加声音、加想法的方法

进行扩写为基本公式，给一个扩展前的句子，以及一个使用这个公式扩写后的句子。

AI 回答

> 扩写的前句子：
> 树叶飘落。
>
> 扩写的后句子：
> 深秋的午后（环境），一片金黄色的银杏叶（颜色）从枝头挣脱，打着旋儿（动作）掠过我的头顶。仰头望去（视角），叶片摩擦的沙沙声与远处孩童的嬉笑声（声音）交织成秋日的私语。它最终轻触地面时微微颤动，像一只疲惫的蝴蝶（比喻修辞），我忽然想起去年此时，也曾在这里目送过另一片落叶——原来时光的流逝，总藏在叶脉的褶皱里（想法）。
> ……

与此类似，还可以向AI做如下提问。

1.请设计一组通过添加比喻、拟人、夸张3种修辞手法进行扩写的对比句示例。

2.如何通过叠加时间变化、空间转换、人物互动3个维度扩展"他在公园散步"这句话？

3.能否以雨停了为原句，通过添加感官描写（触觉/嗅觉/视觉）和情感表达进行分层扩写？

提升语文阅读理解能力

提炼文章的核心思想

在阅读理解过程中，准确捕捉作者潜藏于字里行间的深层含义是提升文学鉴赏能力的关键。通过剖析特定词语的微妙运用，既能锻炼文本细读的敏锐度，又能培养对语言艺术的感知力。这种由点及面的解读方式，有助于构建完整的文本理解框架，形成从微观字词到宏观主题的思维路径。

下面是笔者在腾讯元宝里使用的提示词及得到的结果。

我的提问

> 社戏里有一句"然而老旦终于出台了"，这句里的"终于"为什么跟我理解的不一样，作者想表达什么意味，我们在生活中可以这样用词吗？

AI 回答

> 在鲁迅的《社戏》中，"然而老旦终于出台了"一句中的"终于"并非表达期待已久的积极情感，而是通过反讽手法传递出孩子们对冗长、乏味表演的失望与无奈。

这种特殊语境下的用词选择,需要结合文本情境和人物心理来理解。
一、"终于"的特殊意味解析
1.反讽的期待落空
孩子们原本期待的是"铁头老生连翻八十四个筋斗"的精彩场面,但老旦的出场意味着剧情转向缓慢的唱腔表演。这里的"终于"并非对美好事物的期盼实现,而是对枯燥情节被迫接受的无奈感叹,暗含"终究还是来了"的负面情绪。
……

与此类似,还可以向AI做如下提问。

1.《故乡》中闰土称呼我为老爷,这个称谓变化体现了怎样的社会现实?在当代人际交往中如何避免类似的隔阂?

2.模仿朱自清《背影》的白描手法,用300字描写一位亲属为你送行的场景,要求通过细节传递情感。

3."大约孔乙己的确死了"中的"大约"和"的确"是否矛盾?这种矛盾修辞在广告文案中能否借鉴?请举例说明。

分析段落的逻辑关系

在解析文学作品的过程中,理清段落间的逻辑关系是把握文章脉络的关键。通过系统地分析古典名篇的段落衔接与内容递进,能够帮助学生构建文本分析能力,掌握从表层描写到深层寓意的解读路径。本文以范仲淹《岳阳楼记》为研究对象,着重剖析其段落间的起承转合关系,揭示作者如何通过层层递进的结构设计传达核心思想。

下面是笔者在腾讯元宝里使用的提示词及得到的结果。

我的提问

请分析《岳阳楼记》中各段落的逻辑关系,并总结这篇文章的段落结构。

AI回答

《岳阳楼记》的段落逻辑关系和结构层次展现了范仲淹由实入虚、由景及理的层层递进式构思,最终落脚于政治理想的升华。全文共六段,可划分为四部分,具体分析如下。

一、段落逻辑关系分析

1.叙事引题(第1段)

以"庆历四年春"的史笔开篇,简述滕子京谪守巴陵郡后"政通人和,百废俱兴"的政绩,引出重修岳阳楼及作记的缘由。此段看似平铺直叙,实则暗含三重作用。

铺垫背景:通过"谪守"点明滕子京被贬谪的身份,为后文"迁客骚人"的情感抒发埋下伏笔。

> 隐晦劝勉：以"越明年"突出滕子京的治世之才，暗示其不应因被贬谪而消沉，为结尾的"古仁人之心"作隐性呼应。
>
> 结构导引：以"属予作文以记之"开启全文，将重心从楼本身的修建转向精神境界的探讨。
>
> ……

与此类似，还可以向AI做如下提问。

1.请解析《醉翁亭记》中景物描写与情感表达的对应关系，说明段落间的呼应手法。

2.分析《赤壁赋》主客问答结构的作用，阐述其如何推进文章哲理思考。

3.比较《小石潭记》与《桃花源记》的段落布局，归纳两者在结构设计上的异同点。

辅助理解文章重点

在学习语文的过程中，准确把握课文的重点内容是理解文章主旨、提高阅读能力的重要基础。对于《狼牙山五壮士》这类革命题材课文，掌握其核心情节、人物形象和思想内涵，能够帮助学生深入领会革命精神，培养爱国情怀。通过总结重点内容和设计对应的题目，可以系统性地检验学习效果，强化对文章结构的认知。

下面是笔者在腾讯元宝里使用的提示词及得到的结果。

我的提问

> 请总结《狼牙山五壮士》这篇课文的重点内容，并根据这些重点内容设计相关的题目。

AI回答

> 《狼牙山五壮士》课文重点内容总结
> 一、核心内容
> 1.故事梗概
> 课文讲述了抗日战争时期，八路军某部七连六班的五位战士（马宝玉、葛振林、宋学义、胡德林、胡福才）为掩护群众和连队主力转移，诱敌上山，痛击日军，最终将敌人引向狼牙山绝路，英勇跳崖牺牲的故事。
>
> 2.篇章结构
> 按事件发展顺序分为五部分：
> 接受任务→诱敌上山→引上绝路→顶峰歼敌→英勇跳崖。
>
> ……

与此类似，还可以向AI做如下提问。

1. 请分析《小英雄雨来》中的环境描写对塑造人物形象的作用，并设计阅读理解题。
2. 如何通过《少年闰土》的细节描写理解鲁迅笔下的童年记忆？请给出解析框架。
3. 对比《背影》和《荷塘月色》的情感表达方式，分别设计两组对比阅读题目。

学习融合不同文章的文学表现手法

在文学创作中，不同的文章往往运用了多种独特的写作手法来传达情感和思想。对初中生来说，学习如何融合这些手法，不仅能丰富自己的表达方式，还能提升对文学作品的理解和欣赏能力。通过观察和分析不同文章中的修辞、结构和叙事技巧，学生可以逐步掌握将这些手法灵活运用于自己写作中的方法，让文章更加生动、有趣，同时也能更好地表达自己的观点和情感。这种融合与创新的过程，将为学生的文学创作打开一扇新的大门。

下面是笔者在腾讯元宝里使用的提示词及得到的结果。

我的提问

对比《观潮》中的动态描写与《故宫博物院》中的静态说明，完成"运动会开幕式"写作任务，要求交替使用两种描写方式。

AI 回答

要完成"运动会开幕式"的动态与静态交替描写的写作任务，可结合《观潮》的动态场景刻画与《故宫博物院》的空间静态说明，形成动静交织的叙事节奏。以下是具体写作思路与示例。

一、结构设计：时空双线交错

1. 静态场景铺陈（参考《故宫博物院》的空间序列）

用方位词勾勒整体布局：

"主席台如故宫太和殿般雄踞操场北侧，红毯自南门延伸至旗杆下，形成中轴线，两侧观众席呈阶梯式排列，仿若紫禁城东西六宫的对称布局。"

细节聚焦特殊装置：

"背景墙高悬校徽浮雕，八根罗马柱支撑着电子屏，每根立柱表面都镌刻着历年运动会纪录，如同太和殿藻井承载历史印记。"

2. 动态过程推进（借鉴《观潮》的时间流变）

按时间轴捕捉变化过程：

"晨雾未散时，操场的寂静如潮来前的钱塘江；七点三十分，鼓乐队脚步声由远及近，似闷雷滚动的潮前奏；当仪仗队踏过白线标记处，瞬间引爆如'白线横贯江面'的沸腾。"

……

与此类似，还可以向AI做如下提问。

1.分析《济南的冬天》中比喻手法与《紫藤萝瀑布》中拟人手法的异同,创作一篇《校园秋景》短文,需融合两种修辞。

2.参照《苏州园林》的说明顺序与《岳阳楼记》的抒情结构,设计《科技馆参观记》的写作框架。

3.结合《说和做》的夹叙夹议与《安塞腰鼓》的直抒胸臆,完成班级辩论赛的场面描写任务。

提高作文写作水平

根据主题以不同的文体进行写作

在中学写作训练中,掌握不同文体的写作要领及构思方法是提升语文素养的重要途径。通过设计典型主题的写作任务,能够帮助学生理解记叙文与议论文的文体特征差异,培养谋篇布局的能力。结合课内诗歌的引用要求,更能促进学生对文学经典的活用意识,实现读写结合的语文教学目标。

下面是笔者在腾讯元宝里使用的提示词及得到的结果。

我的提问

请以"选择与成长"为主题,分别以记叙文、议论文两种不同的文体写一篇500字的文章,每篇文章要引用一首中学生学习过的诗歌。

AI 回答

好的,我将按照您的要求创作两篇不同文体的文章。为了让文章更符合中学生的认知水平,我会先列出一些基本框架。请您看看以下内容是否符合您的预期。如有需要调整的地方,您可以随时提出。

第一篇文章:记叙文《跑道上的选择》
核心线索:运动会上临时替补参赛引发的成长故事
关键场景:
1.赛前意外受伤带来的抉择困境(铺垫矛盾)
2.奔跑时想起《未选择的路》产生内心转变(文学意象运用)
3.坚持完成比赛收获成长感悟(主题升华)
诗歌引用:弗罗斯特《未选择的路》象征人生抉择
第二篇文章:议论文《在选择的岔路口》
中心论点:主动选择是成长的必经之路
分论点结构:
选择突破舒适区(李白诗句论证)

> 选择超越自我认知（苏轼哲理支撑）
> 选择孕育新希望（陆游诗句呼应）
> 论证手法：古诗今解、历史事例、自然现象类比
> ……

与此类似，还可以向AI做如下提问。

1.请以"科技改变生活"为主题，设计说明文和倡议书两种不同应用文体的写作框架，每篇需引用一句科学家的名言。

2.针对传统节日文化传承的写作主题，请分别构思散文和演讲稿的写作提纲，要求各融入一首古诗词名句。

3.围绕《校园生活二三事》的作文题目，请制定小说和日记两种文学体裁的创作方案，每篇需化用课内学过的成语典故。

提供写作参考素材

在文学创作中，细节描写是塑造场景、传递情感的关键技法。当需要展现特定场景时，采用动静结合的手法能增强画面的层次感，运用多感官体验融合则可使文字更具感染力。面对描写对象时若缺乏灵感，借助AI生成多样化的写作素材，既能获得生动具体的范例参考，又能积累不同场景的描写技巧。

下面是笔者在腾讯元宝里使用的提示词及得到的结果。

我的提问

> 我需要描写春天公园里学生背诵诗词的场景，请撰写两组动静结合的描写方式的文字，以及两段多感官体验融合描写方式的文字。

AI 回答

> 一、动静结合描写
> 第一组：晨光与诵读的交响
> 晨雾未散，樱花树下的石凳上，几名学生捧着诗集凝神诵读，声音清朗如溪水潺潺。枝头的花瓣随风簌簌飘落，轻盈地拂过书页，而远处的湖面倒映着垂柳的静影，偶有蜻蜓掠过水面，激起一圈涟漪。忽而一阵风起，柳丝摇曳如绿帘轻卷，诵读声却未停，反而与簌簌叶响交织成春日的韵律，仿佛诗句中的"万条垂下绿丝绦"在现实中翩然起舞。
> 第二组：蝶影与诗声的共舞
> 在午后的暖阳中，一群学生围坐在草坪中央，齐声吟诵"留连戏蝶时时舞"。话音未落，几只白蝶竟从花丛中翩跹而至，时而停驻在翻动的书页上，时而追逐着翻飞的诗稿。近处的木槿花静默绽放，粉白花瓣纹丝不动，与蝶翅的颤动形成鲜明对比。远处风筝高悬天际，如定格的诗行，而少年的衣角随风扬起，动静之间恍若"忙趁东风放纸鸢"的画卷活现。
> ……

与此类似，还可以向AI做如下提问。

1. 请为运动会开幕式场景设计3种以听觉描写为主的段落，包含欢呼声、脚步声和广播声的细节刻画。

2. 需要描写深夜自习室的场景，请提供两组明暗对比的光影描写，以及一段融合触觉与嗅觉的复合描写。

3. 请构思海边黄昏时分的3种色彩渐变描写，要求结合视觉动态与静态的对照关系。

模仿名家的写作风格

在锤炼写作技巧的过程中，主动尝试模拟不同杰出作家的独特风格是一种行之有效的提升手段。通过这种方式，能够汲取各家之所长，丰富自己的表达方式和修辞手法，从而拓宽文学视野。考虑到作家公开作品的有限性，借助AI技术生成风格化的模拟文本，无疑能为学习者提供更为广阔的研习素材，助力其更好地理解和掌握这些杰出作家的艺术特色，进一步提升个人写作水平。

下面是笔者在腾讯元宝里使用的提示词及得到的结果。

我的提问

请以鲁迅的口吻，给唐·吉诃德写一封信，大意是鼓励他追逐自己的梦想，但同时也要正确认识自己所处的时代特征。

AI回答

唐·吉诃德先生阁下：

见字如晤。

阁下策瘦马、挺长矛，与风车相搏之事，吾闻之良久矣。世人皆笑君痴愚，余独见君颅中一团真火，烧得比伊比利亚的日头更烈。这火本是无量宝，可照夜行之路，可暖寒蝉之躯，只可惜风车终是木骨蒙布的傀儡，纵使刺穿千百回，亦溅不出一滴鲜血。

君不见那风车下的磨坊，麦粒正待碾作面粉？这世间的荒谬，原不在于骑士道消亡，而在于火枪已能射落苍鹰的时辰，君仍以甲胄丈量土地。余尝见东方麒麟被豢养成驴，西洋的龙被铸成金币上的花纹，可见天地间的猛兽总要换了皮囊才能存活。君若真要卫道，何妨将长矛淬作钢笔，蘸着塞万提斯先生墨水瓶里的残汁，给这世道开几剂猛药？

……

与此类似，还可以向AI做如下提问。

1. 请用沈从文的乡土文学笔法，为《老人与海》中的圣地亚哥撰写内心独白，需要体现对人与自然关系的思考。

2. 模仿张爱玲的细腻文风，替简·奥斯汀笔下的伊丽莎白撰写一封现代社交场合的观察手记。

3.运用老舍的京味语言特色，为《巴黎圣母院》的卡西莫多创作一段市井生活场景的独白。

学习文言文

攻克文言文字词难关

文言文字词辨析是中学生语文学习的重要基础，掌握虚词的多重用法对准确理解古籍内涵具有关键作用。通过系统性归纳整理高频虚词的语法特征，结合经典文本实例分析与语境应用训练，能够有效提升文言文阅读理解能力。下面以《论语》中高频出现的"之"字为例，展示如何运用结构化学习方法突破文言虚词难点。

下面是笔者在腾讯元宝里使用的提示词及得到的结果。

我的提问

请用表格整理《论语》中"之"字的5种用法，每类需包含原文例句、现代释义及语法功能，并设计3个语境填空练习题。

AI 回答

《论语》中"之"字用法分类表格

用法类别	原文例句	现代释义	语法功能	引用来源
1. 动词（到、往）	"之一邦，则又曰：'犹吾大夫崔子也。'"（《公冶长》）	到某地去	作谓语，后接地点名词	4 7
2. 代词（人称代词）	"学而时习之，不亦说乎？"（《学而》）	代指所学的内容	作宾语，复指前文内容	4 5
3. 结构助词（定语标志）	"三年无改于父之道，可谓孝矣。"（《学而》）	相当于"的"	连接定语与中心语，表修饰关系	4 5 7
4. 结构助词（取消句子独立性）	"鸟之将死，其鸣也哀；人之将死，其言也善。"（《泰伯》）	不译	放在主谓之间，使句子短语化	5 7
5. 音节助词	"久之，目似瞑，意暇甚。"（《乡党》）	无实义	补足音节，使句子节奏和谐	5 7

语境填空练习题（附答案）

1.填空题：

子曰："赤之适齐也，乘肥马，衣轻裘。"（《雍也》）

句中"之"的语法功能是＿＿＿＿＿＿，作用是＿＿＿＿＿＿。

答案：结构助词；取消句子独立性（使"赤适齐"成为短语，作主语）。

2.填空题：

"夏礼，吾能言之，杞不足征也。"（《八佾》）

此处"之"指代＿＿＿＿＿＿，词性是＿＿＿＿＿＿。

> 答案：夏礼的内容；代词。
> 3.填空题：
> "居庙堂之高则忧其民，处江湖之远则忧其君。"（《岳阳楼记》引用类比题）
> 若仿照《论语》用法，"庙堂之高"中"之"的功能是＿＿＿＿＿＿＿＿＿＿，属于＿＿＿＿＿＿＿＿＿＿结构。
> 答案：定语后置标志；"中心语＋之＋定语"。
> ……

与此类似，还可以向AI做如下提问。

1.请写出《孟子》中"而"字的转折、顺承、修饰3种连接作用，每种需要标注出现频率及典型篇章。

2.请对比整理《史记》与《战国策》中"乎"字疑问语气与感叹语气的使用差异，各举3个典型例句。

3.请为《诗经》中的通假字设计5组辨析练习，每组包含原句、通假字标注及字义解析填空。

为文言文学习增加趣味

文言文是中华文化的瑰宝，但对初中生来说，其古雅的语言和复杂的句式常常让人望而生畏。其实，文言文学习也可以充满趣味。通过将文言文与现代生活相结合，比如用文言文描述身边的事物、模仿古人对话，都能让学习过程变得更加生动有趣。在轻松愉快的氛围中，不仅能掌握文言文知识，还能感受古人的智慧与魅力，让学习成为一种享受。

下面是笔者在腾讯元宝里使用的提示词及得到的结果。

我的提问

> 如果秦始皇穿越到了今天，看到六代机，看到量子计算机，看到DeepSeek，看到磁悬浮，他会发出怎样的感慨？用文言文形式表述。

AI回答

> 若秦始皇穿越至当世，观六代机、量子计算机、DeepSeek与磁悬浮之奇技，其文言独白或如下。
>
> 骊山孤月照今世，铁鹄凌霄撼帝心
>
> "朕昔扫六合，驭八荒，铸金人以镇九州，凿驰道以贯八极。今睹此世玄机，恍若登临神霄，目眩魂摇矣！"
>
> 铁翼裂空，六代战机若垂天之云，倏忽间破九霄而没星汉。昔征楚地，三十万甲士血染江陵；今观此骑，一机绝尘可摧敌国宗庙。磁轨浮空，文鳐游虚，不染尘埃。

忆昔凿山填谷，劳役百万筑驰道，今见此物畅行如风，自叹人力之渺。

量子蓝光映骊宫，算筹寰宇胜九鼎

量子计算机蓝光幽邃，恰似地宫长明灯辉。方寸之间藏寰宇生灭之理，较朕聚天下铜铁铸九鼎定乾坤，更显造化玄妙。昔遣徐福东渡寻仙，若得此灵枢之器，何须蓬莱求药？长生之术，竟在尔等后辈掌中！

……

与此类似，还可以向AI做如下提问。

1.若苏轼目睹现代3D打印技术还原《木石图》，会作何评论（文言文）？

2.让李白用文言文描写虚拟现实游戏的沉浸体验，应如何构思？

3.假设墨子穿越到现代看到空间站机械臂，会怎样用文言文赞叹其"兼爱""非攻"的理念？

分析古文创作背景

古诗文创作背景是解读作品深层含义的重要切入点。通过了解历史环境、作者经历和创作动机，学生能更准确地把握诗词中的情感表达与思想内涵，避免停留在字面翻译的浅层理解。

下面是笔者在腾讯元宝里使用的提示词及得到的结果。

我的提问

请分析《出师表》这篇文言文的创作背景，包括三国时期蜀汉的政局、诸葛亮的个人处境，以及该文对后世的影响，要求用时间轴的形式呈现关键事件。

AI回答

《出师表》创作背景与影响时间轴分析

一、蜀汉政局与诸葛亮处境时间轴

221年（蜀汉章武元年）

事件：刘备称帝，建立蜀汉政权，诸葛亮任丞相。

政局：蜀汉初立，以"兴复汉室"为旗号，但荆州已失，战略要地缺失。

个人处境：诸葛亮受命总理军政，但因刘备后期伐吴失败（夷陵之战），国力大损，内忧外患加剧。

223年（蜀汉建兴元年）

事件：刘备病逝白帝城，托孤诸葛亮，刘禅继位。

政局：刘禅年仅17岁，缺乏治国能力；蜀汉面临曹魏、东吴双重威胁，内部益州派与荆州派矛盾暗涌。

……

与此类似，还可以向AI做如下提问。

1.请梳理《岳阳楼记》的创作背景，结合北宋庆历年间的政治改革、范仲淹被贬经历，分析文中"先天下之忧而忧"的思想根源，用时间轴标注范仲淹仕途转折与文章诞生的关联事件。

2.对比分析《桃花源记》与《归去来兮辞》的创作背景，说明东晋末年的社会动荡如何影响陶渊明的避世思想，要求分点列举两篇作品反映的历史特征及作者心境差异。

3.请分析《曹刿论战》的创作背景，包括春秋时期齐鲁争霸的政治格局、史书《左传》的叙事目的，以及曹刿"一鼓作气"战术思想所折射的先秦军事智慧。

练习文言文写作

文言文凝练典雅的表达方式至今仍具有独特的审美价值。通过模仿经典名篇进行写作训练，既能掌握文言文的语法特征，又能领悟文言文之美。本次练习选取刘禹锡《陋室铭》作为范本，在保留传统对仗押韵的基础上，尝试将AR黑板、云端教学等现代教育技术融入文本，既体现守正创新的写作理念，又展现人工智能辅助古文创作的可能性。

下面是笔者在腾讯元宝里使用的提示词及得到的结果。

我的提问

请以"智能学堂"为题，仿《陋室铭》格式创作新铭文，要求保留对仗押韵，融入AR黑板等现代元素，并附创作思路解说。

AI回答

《智能学堂铭》
台不在高，触控则灵。室不在深，联网则名。斯是学堂，惟吾智新。
纳米屏浮影，防眩光沁睛。云端连四海，数据汇八荒。
可以AI析纹样，VR探汉唐。
无粉尘之迷眼，无枯燥之空谈。
西河之杏坛，硅谷之智窗。
慧教曰：何陋之有？
创作思路解说
一、结构解析（仿《陋室铭》框架）
首句点题：以"触控联网"呼应原作的"山水"，凸显智能设备与网络化特征。
环境描写：用"纳米屏防眩光"具象化AR黑板的特性（参考网页4所述银河宇科技"绿色护眼"技术），以"云端数据"暗喻虚实融合的教学场景。
……

与此类似，还可以向AI做如下提问。

1.请以未来图书馆为题，仿《岳阳楼记》格式创作新记文，要求保持骈散结合，融入电子借阅等智能服务，并附创作理念分析。

2.请用李清照婉约词风，以量子通信为题材填词一阕，保留《声声慢》词牌格律，体现科技突破，并作艺术特色评述。

3.请按《阿房宫赋》的铺陈手法，以"元宇宙城市"为主题撰写赋体文，要求保持铺排气势，融入全息投影等未来的科技，附结构解析。

分析文言文中的语法现象

在学习文言文时，分析其语法现象是理解古代语言规律的重要基础。对中学生而言，掌握判断句、倒装句、省略句等典型句式，能够更准确地拆解句子结构，避免因语序差异或成分省略而产生误解。通过系统地梳理文言文的语法特点，学生不仅能提升对诗词、经典文本的解读能力，还能为应对考试中的词类活用、句式翻译等题型打下坚实的基础，从而突破文言文学习的核心难点。

下面是笔者在腾讯元宝里使用的提示词及得到的结果。

我的提问

用表格解析《师说》中"吾师道也"的语法现象，包括：①原词性；②活用类型；③现代汉语对应表达。

AI 回答

以下是对《师说》中"吾师道也"语法现象的解析表格：

语法现象	解析内容
① 原词性	名词（"师"的本义为"老师"或"军队"，此处为名词作动词用）
② 活用类型	名词活用为动词（在句中作谓语，后接宾语"道"，表示动作行为）
③ 现代汉语对应表达	"我学习道理"（"师"由名词转译为动词"学习"，"道"指道理、知识）

补充说明：

1. **语法特征：**
   - "师"原本是名词，但在此句中因带宾语"道"，形成动宾结构，语法功能转为动词。
   - "师道"即"以道为师"的省略表达，体现文言文名词活用的典型特征。

2. **语境分析：**
   此句强调"学习道理"的主观行为（而非被动地"以……为师"），通过词类活用突出韩愈主张的主动求知。

3. **对比参考：**
   类似活用现象如《论语》"不耻下问"中的"耻"（形容词作意动动词），体现文言文精炼表意的特点。

......

与此类似，还可以向AI做如下提问。

1.请对比解析《论语》"不耻下问"中"耻"的语法现象，分点说明：①本义词性；②活用类型；③句中含义；④对应的现代汉语翻译格式。

2.请解析《小石潭记》中"斗折蛇行"的词类活用现象。要求：①标注原词性；②说明活用类型；③用现代汉语直译；④举一个同类活用的课内外例句。

3.分析《陋室铭》"苔痕上阶绿"的句式结构，要求列出：①特殊句式类型；②句子成分划分；③白话文对应句式；④该句式的表达效果。

对文言文中的典故意象溯源

文言文中经常会出现许多典故，这些典故承载着丰富的文化内涵和历史记忆。对中学生而言，分析这些典故不仅能帮助理解字面含义，更能透过故事背景把握作者的思想情感。通过追溯典故的出处与演变过程，学生可以有效提升文言文的阅读理解能力，同时加深对传统文化的认知。这种由表及里的学习方式，将为中学生打开深入研习文言文经典的新路径。

下面是笔者在腾讯元宝里使用的提示词及得到的结果。

我的提问

深度解析《滕王阁序》中"冯唐易老"的典故：①原始出处（精确到古籍章节）；②王勃引用它的意图；③类似典故对比（如李广难封）。

AI回答

深度解析《滕王阁序》中"冯唐易老"的典故

一、原始出处与历史背景

"冯唐易老"的典故源自《史记·张释之冯唐列传》。西汉冯唐历仕文、景、武三朝，虽以耿直敢谏著称，却长期未受重用。汉文帝时，他因直言批评文帝苛待边将（如云中守魏尚因上报军功误差被贬）而触怒皇帝，后虽得赦免魏尚并被任命为车骑都尉，但终因性格刚直难容于官场。至汉武帝时，虽有人举荐其才，但冯唐已年逾九十，垂垂老矣，无法再仕。司马迁以此事暗喻政治生态对人才的压抑，成为后世"生不逢时"的典型符号。

二、王勃引用它的意图

在《滕王阁序》中，王勃借"冯唐易老"抒发多重情感。

自伤身世：王勃因《檄英王鸡》一文触怒唐高宗被贬，正值壮年却仕途断绝，与冯唐"老而难用"形成时空错位的共鸣；

暗喻父亲遭遇：王勃之父王福因受其牵连被贬交趾（今越南），文中"老当益壮"等句实为对父亲的劝勉，冯唐的晚年境遇恰似其父的写照；

时代批判：与"李广难封"并提，影射历代君主对人才的轻忽，呼应文中"屈贾谊于长沙"等系列典故，构建起跨越时空的怀才不遇者群像。
……

与此类似，还可以向AI做如下提问。

1. 解析《赤壁赋》中"酾酒临江"的典故：①引用《诗经》或《史记》的具体篇章；②苏轼如何借古喻今；③对比曹操《短歌行》中的同类意象。
2. 请帮我解析《唐雎不辱使命》中"白虹贯日"的典故。
3. 深度解析《岳阳楼记》中"迁客骚人"之"骚人"的典故。

智能抽背

背诵课文是语文学习的重要环节，但传统的背诵方式往往枯燥且效率不高。现在，借助AI技术，学生可以将课文转化为智能抽背填空题，让学习过程更加有趣且高效。AI能够根据课文内容自动生成关键词填空、句子补全等题型，既考查学生对课文的理解，又锻炼学生的语言运用能力。这种方法能让背诵成为一种充满挑战和成就感的体验！

下面是笔者在Kimi里使用的提示词及得到的结果。

我的提问

我现在要检查自己对《出师表》这篇文言文的背诵情况，请针对这篇文言文出默写题。

AI回答

好的，以下是根据《出师表》的内容设计的默写题目，你可以根据自己的记忆情况填写，然后对照原文检查。

《出师表》默写题

一、全文默写

请默写出《出师表》的全文。

二、填空默写

1. 臣亮言：先帝创业未半而中道崩殂，今天下三分，益州疲弊，此诚危急存亡之秋也。然侍卫之臣不懈于内，忠志之士忘身于外者，盖追先帝之殊遇，欲报之于陛下也。诚宜开张圣听，以光先帝遗德，_____，不宜妄自菲薄，引喻失义，以塞忠谏之路也。

2. 宫中府中，俱为一体，_____，不宜异同。若有作奸犯科及为忠善者，宜付有司论其刑赏，以昭陛下平明之理，不宜偏私，使内外异法也。

3. 臣本布衣，躬耕于南阳，苟全性命于乱世，不求闻达于诸侯。先帝不以臣卑鄙，猥自枉屈，三顾臣于草庐之中，咨臣以当世之事，由是感激，遂许先帝以驱驰。后值倾覆，_____，奉命于危难之间，尔来二十有一年矣。

4. 先帝知臣谨慎，故临崩寄臣以大事也。受命以来，_____，

> 恐托付不效，以伤先帝之明。故五月渡泸，深入不毛。今南方已定，兵甲已足，当奖率三军，北定中原，庶竭驽钝，攘除奸凶，兴复汉室，还于旧都。此臣所以报先帝而忠陛下之职分也。
> ……

与此类似，还可以向AI做如下提问。

1.我需要检测《曹刿论战》的背诵情况，请生成10道填空题，要求：覆盖文章核心论点；每空仅缺一个文言虚词（如之、其、以），需要混合直接默写与理解性默写题型。

2.请为《桃花源记》设计3类抽背题：文学常识题3道（含干扰项）、名句填空题10道、特殊句式分析题2道（判断省略句/倒装句）。

3.以初二学生为对象，针对《岳阳楼记》设计10道上下文关联填空题。要求：①每空仅缺1~2个关键词，如"_____，锦鳞游泳"。②错误选项需包含常见错别字（如"壁"与"璧"）。③按课文段落顺序排列。

体验自由创作

故事续写

在文学创作实践中，故事续写是培养创造性思维的有效途径。通过延续既有叙事框架，既能激发想象力的延展，又能深化对原作主题的理解。当代寓言创作尤其注重叙事结构的规律性，如经典的三段式重复与寓意递进模式。人工智能辅助创作工具的运用，为训练叙事技巧提供了新的可能，使创作者能够在遵循文学规律的基础上，探索现代主题的表达方式。

下面是笔者在腾讯元宝里使用的提示词及得到的结果。

我的提问

> 请根据《狼来了》的寓言结构，创作一个关于"AI助手被滥用"的现代寓言，要求包含三次重复性事件和寓意升华。

AI回答

> 现代寓言《AI来了》
> （基于《狼来了》叙事结构改编）
> 第一次警报
> 某科技公司推出"智脑"AI助手，承诺用算法守护城市安全。年轻程序员小林为博取流量，在系统未检测到异常时，故意触发红色警报。全城电子屏瞬间弹出警告："检

测到核电站泄漏！请立即疏散！"市民陷入恐慌逃窜，交通系统瘫痪三小时后，小林得意地公布："只是压力测试"。

政府召开紧急发布会澄清，但社交媒体涌现新热梗：#智脑压力测试挑战#。小林账号粉丝暴涨百万，公司股价飙升17%。

第二次危机

两周后暴雨季，小林再次启动AI警报："气象卫星发现超级台风，中心风力18级！"逼真的三维风暴模拟图席卷全网，超市物资遭抢购，海运公司取消百条航线。当气象局澄清数据异常时，小林直播吃着泡面笑道："防灾演练成功！"智脑系统新增800万订阅用户。

愤怒的市民向公司投掷鸡蛋，董事会却给小林颁发"创新突破奖"。深夜的代码讨论区飘着匿名帖："警报系统校验协议存在致命漏洞"。

……

与此类似，还可以向AI做如下提问。

1. 将《龟兔赛跑》改编为反映算法偏见的科技寓言，保留核心对比结构。
2. 续写《桃花源记》的现代版本，描绘人工智能社会的乌托邦困境。
3. 分析《伊索寓言》的叙事模板，创作关于数据隐私的警戒故事。

将好作品整理为作文模板

在日常写作训练中，将优秀的文本转化为可借鉴的模板框架是提升写作能力的有效途径。通过系统地分析经典文章的结构布局、修辞手法和语言特色，学习者可以掌握不同文体的创作规律，积累规范化的写作范式。这不仅有助于培养结构化思维，更能帮助写作者在模仿中形成个性化的表达风格。

首先，将一篇优秀的文章保存成为一个|×|文件，然后在腾讯元宝中上传这篇文章，并使用下面提示词。

我的提问

上传的文本文件里是我最近看到的一篇不错的文章，将这篇文章整理成为作文模板，并分析这篇文章用了哪些好词好句，在写作同类文章时应该注意什么？

AI回答

以下是针对您提供的文章整理的作文模板及分析。

成长类作文模板

标题：走过 _____ 的拐角（可替换为挫折/迷茫/叛逆等关键词）

结构模板：

1. 情境引入

用比喻点明人生阶段（如"人生的第一个拐角青春的黑夜"）

抛出成长困惑（如人际关系、自我认知等问题）
2.矛盾呈现
描述环境变化带来的冲击（例："世界变了/面具生活"）
刻画心理挣扎（例：提出偏激观点"人不会伪装只会受伤"）
3.触发事件
设置生活化场景（散步/对话/自然场景）
通过他人言行获得启示（例：母子对话的"长大定义"）
4.内心转变
结合自然景物描写心境（例：望蓝天/草坪沉思）
用对比手法展现认知变化（童年梦想 vs 现实认知）
5.感悟升华
提炼成长关键词（责任/信念/现实）
点明拐角意义（例："积累人生经验/摆正人生态度"）
……

与此类似，还可以向AI做如下提问。

1.请分析鲁迅《故乡》的文章结构，将其整理为记叙文写作模板，并指出环境描写与人物塑造的呼应关系。

2.将朱自清《背影》中的细节描写整理为写作素材库，总结抒情散文的创作要点及常见误区。

3.对比冰心与徐志摩的散文风格，制作两份不同的写作模板，并分析其语言特色的时代背景差异。

第 4 章　用 AI 学习数学

选择合适的 AI 模型学习数学

笔者在撰写本书时，在大多数情况下使用的都是运行于腾讯元宝平台的 DeepSeek，虽然这是一个极优秀的通用型大模型，也具有强大的数学逻辑推理能力，但不可否认的是由于出品DeepSeek的是一个以技术见长的公司，而非教育公司，因此这个模型缺乏针对数学学科讲解能力的专项优化，尤其是在复杂公式的识别、逻辑推理的稳定性及知识点匹配等维度存在局限。

这里推荐使用学而思推出的九章大模型（MathGPT），其核心优势是深度融合了学而思20年积累的教研数据与教学逻辑，从而使九章大模型不仅覆盖了超700亿参数规模的全学科题库，更通过定向训练将优秀教师的解题思维编码至模型中。

这使得九章大模型在数学领域的表现显著优于通用模型。例如，它能精准识别手写与印刷体题目，结合知识点标签实现解题步骤的拆解与讲解，并通过"分析—详解—点睛"三段式引导帮助学生理解底层逻辑而非直接输出答案，且在解题过程中主动规避了通用模型常见的符号误判或步骤冗余问题。

如下图所示为笔者使用九章解答一道数学题目的过程，可以看出来，其整体过程类似于老师的讲解与示范，因此更容易为学生所接受。

题目识别：

22. (8分)已知多项式 $6x^2 - 2mxy - 2y^2 + 4xy - 5x + 2$ 化简后的结果中不含xy项.
(1) 求m的值；
(2) 求代数式 $-m^3 - 2m^2 - m + 1 - m^3 - m + 2m^2 + 5$ 的值.

解答：

【分析】
本题分为两个部分，第一部分要求求出多项式中xy项系数为0时的m值；第二部分要求求出代数式的值。对于第一部分，我们可以通过合并同类项，使xy项的系数为0来求解m。对于第二部分，我们可以通过代入第一部分求得的m值，然后进行代数式的计算。

【详解】
(1) 对于多项式 $6x^2 - 2mxy - 2y^2 + 4xy - 5x + 2$，我们需要合并xy项。合并后得到：
$6x^2 - (2m-4)xy - 2y^2 - 5x + 2$。由于化简后的结果中不含xy项，所以有 $2m - 4 = 0$，解得 $m = 2$。

(2) 代数式为 $-m^3 - 2m^2 - m + 1 - m^3 - m + 2m^2 + 5$，我们先将代数式合并同类项得到：$-2m^3 - 2m + 6$。代入 $m = 2$，计算得到：$-2 * 2^3 - 2 * 2 + 6 = -2 * 8 - 4 + 6 = -16 - 4 + 6 = -14$。

【点睛】
本题考查了多项式的化简和代数式的计算。在解题过程中，需要注意合并同类项和代入求值的操作。通过本题的练习，可以加深对多项式化简和代数式计算的理解。

下面以解二次方程 $x^2 - 130x + 4000 = 0$ 为例，展示使用腾讯元宝与九章解题的方法。

首先使用的是腾讯元宝，并开启了"深度思考"模式，其解题结果如下图所示。

方程 $x^2 - 130x + 4000 = 0$ 的解法如下：

1. **确定系数**：$a = 1$，$b = -130$，$c = 4000$。
2. **计算判别式**：

$$\Delta = (-130)^2 - 4 \cdot 1 \cdot 4000 = 16900 - 16000 = 900$$

判别式为完全平方数，说明方程有两个实根。

3. **代入求根公式**：

$$x = \frac{-b \pm \sqrt{\Delta}}{2a} = \frac{130 \pm 30}{2}$$

4. **求根**：

- 当取"+"时：

$$x_1 = \frac{130 + 30}{2} = \frac{160}{2} = 80$$

- 当取"-"时：

$$x_2 = \frac{130 - 30}{2} = \frac{100}{2} = 50$$

解为：

$$\boxed{x_1 = 80,\ x_2 = 50}$$

验证：

- $x = 80$ 代入原方程：$80^2 - 130 \cdot 80 + 4000 = 0$。
- $x = 50$ 代入原方程：$50^2 - 130 \cdot 50 + 4000 = 0$。

均成立，解正确。

使用九章模型解此题目的结果如下图所示。

题目识别：

$x^2 - 130x + 4000 = 0$，

解答：

【分析】
本题应对方程进行变形，将等式左边化为两式相乘的形式，再根据"两式相乘值为0，这两式中至少有一式值为0"来解题。

【详解】
$x^2 - 130x + 4000 = 0$，

$\therefore (x - 50)(x - 80) = 0$，

解得 x=50 或 x=80。

【点睛】
本题考查了一元二次方程的解法，解一元二次方程常用的方法有直接开平方法，配方法，公式法，因式分解法，要根据方程的特点灵活选用合适的方法。

当然，仅凭个别题目是无法完全判断两者的优劣的，为此笔者做过多个测试，总体结论是如果要解答数学题目，建议优先选择九章等专为教育场景设计的垂直模型。

这样不仅能获得准确率更高的解答，更能通过知识回溯、错题映射等功能实现系统性能力提升，真正将AI转化为"可对话的数学导师"。

但这并不意味着凡是涉及数学学科的学习，就一定要使用九章大模型。实际上，即便在本章中，笔者也在示例中大量使用了腾讯元宝，因为这些内容均涉及概念整理、归纳与总结，这一点是九章模型所不擅长的。

因此，如果涉及概念整理、归纳与总结等任务，可以优先使用DeepSeek，但如果仅仅是解答单独的题目，则推荐使用九章模型。

另外，还要指出的是，九章模型还可以解答物理、化学、英语等其他学科题目，尤其是能够输出复杂的方程式，如下图所示。

> **解答：**
> 【分析】
> 本题主要考察了配合物的结构、空间构型、大π键的形成、配位键的形成条件、分子的溶解性以及晶胞结构和密度的计算。首先，需要理解配合物中各部分的化学性质和结构特点，然后根据这些性质和特点来解答具体问题。
> 【详解】
> (1) ①ClO_3^- 的σ键为3，孤电子对为 $\frac{1}{2} \times (7+1-3\times 2) = 1$，所以空间构型为三角锥；
> ②ClO_3^- 孤电子对数为1，ClO_4^- 孤电子对数为0，两者价层电子数都为4，孤电子对数越多，排斥力越大，键角越小，所以氯酸根离子键角小于高氯酸根离子键角；
> (2) ①形成大π键的原子为5个，双键C和双键N各提供一个电子形成π键，单键N提供两个电子形成π键，得到五中心六电子的大π键，表示为：π_5^6；
> ②咪唑具有类似苯环的结构可知，配离子中咪唑的②号氮原子孤电子对参与形成大π键，使电子云密度降低，与钴离子配位能力减弱，所以①号N比②号N更易与钴形成配位键；
> ③咪唑更易溶于水；
> ④咪唑能与水形成分子间氢键，所以咪唑更易溶于水；
> (3) ①根据分析可知，则2号氧原子的分数坐标为(0.3333, 0.3333, 0.1077)；
> ②晶胞体积为：$\frac{1}{2}(a \times 10^{-10})^2 \sin 60° \times 2 \times (b \times 10^{-10}) = \frac{\sqrt{3}}{2}a^2b \times 10^{-30} cm^3$，晶胞密度为 $\frac{2 \times 92}{\frac{\sqrt{3}}{2}a^2b \times 10^{-30}N_A}$ g/cm³。

英语方面的回答效果如下图所示。

> The days are gone ____ physical strength was all you needed to make a living. (用适当的词填空)
>
> 答案：when
> 解析：
> 【题干分析】
> 句子中有两个谓语：are gone, was；由此可判断这是一个主从复合句；physical strength was all you needed to make a living修饰名词the days。
> 【相关语法点提示】
> 这是一个定语从句。先行词是the days, the days在从句中做状语：during the days, 意为"在那些日子"。
> 【句意提示】
> 完全靠体力谋生的日子一去不复返了。

数学知识理解与梳理

通过公式推导更好地理解公式原理

数学公式的推导过程是深入理解其原理的重要途径。通过探究不同几何图形面积公式之间的内在联系，可以揭示数学知识体系的统一性与逻辑性，从而帮助学习者在理解的基础上进行记忆和应用。下面以梯形面积公式为基础，分析常见平面图形面积公式的推导关系，并探讨其数学本质。

下面是笔者在腾讯元宝里使用的提示词及得到的结果。

我的提问

长方形、平行四边形、正方形、三角形、圆形的面积公式是否都可以从梯形公式推导出来？

AI 回答

【详解】

接下来，我们具体分析每个图形的面积公式是否可以从梯形公式推导出来：

1. **长方形**：长方形的面积可以看作是上底和下底相等的特殊梯形，即 $A = \dfrac{(l+l)w}{2} = l \times w$，因此长方形的面积公式可以从梯形公式推导出来。

2. **平行四边形**：平行四边形的面积公式同样可以看作是上底和下底相等的特殊梯形，即 $A = \dfrac{(b+b)h}{2} = b \times h$，所以平行四边形的面积公式也可以从梯形公式推导出来。

3. **正方形**：正方形可以视为长和宽相等的长方形，因此其面积公式也可以从梯形公式推导出来。

4. **三角形**：三角形可以看作是上底为0的特殊梯形，即 $A = \dfrac{(0+b)h}{2} = \dfrac{1}{2}bh$，所以三角形的面积公式同样可以从梯形公式推导出来。

5. **圆形**：圆形的面积公式 $A = \pi r^2$ 与梯形的面积公式形式完全不同，且无法通过梯形的面积公式直接推导得出，因此圆形的面积公式不能从梯形的面积公式推导出来。

【点睛】

综上所述，长方形、平行四边形、正方形和三角形的面积公式都可以从梯形的面积公式推导出来，但是圆形的面积公式却不能从梯形的面积公式推导。这提示我们在处理几何问题时，理解基本的面积公式及其推导过程是非常重要的。

……

与此类似，还可以向AI做如下提问。

1. 掷骰子时，如何通过排列组合原理推导"点数大于3或为偶数"的概率？

2. 假设已知平方完成法，请通过此方法详细推导 $ax^2+bx+c=0$ 的根公式，要求列出所有代数变形步骤并说明变形依据。

3. 如何利用梯形或正方形的面积公式，通过拼接法验证直角三角形的边长关系？

寻找知识点之间的逻辑关系

构建完整的知识体系是学习的关键,理解不同知识点间的内在联系有助于形成系统化认知。通过梳理初中代数核心概念之间的逻辑脉络,能够帮助学生把握知识递进规律,明确运算技能与问题解决能力的衔接关系。

下面是笔者在腾讯元宝里使用的提示词及得到的结果。

我的提问

请梳理初中代数的核心概念(整式运算、方程、不等式),标注知识间的逻辑关系。

AI 回答

初中代数的核心概念体系以数与式为基础,逐步延伸到方程与不等式,形成解决实际问题的逻辑链条。以下是结构化梳理及内在逻辑关系解析。

一、整式运算——代数思维的基石

核心概念:

1. **代数式分类**
   - 单项式(如 $3x^2$)与多项式(如 $2x+1$)是整式的基础,分式(如 $\frac{1}{x}$)和根式(如 $\sqrt{x}$)则需注意定义域 ❹ ❻ ❼。
   - **运算核心:**
     - 幂的运算:$a^m \cdot a^n = a^{m+n}$,$(ab)^n = a^n b^n$,体现指数规律 ❶ ❼。
     - 乘法公式:平方差公式 $(a+b)(a-b) = a^2 - b^2$ 和完全平方公式 $(a \pm b)^2 = a^2 \pm 2ab + b^2$,是化简与因式分解的关键工具 ❻ ❼。
     - 因式分解:将多项式转化为乘积形式(如 $x^2 - 5x + 6 = (x-2)(x-3)$),直接服务于方程的求解 ❻ ❼。

2. **逻辑关联**
   - 代数式变形是方程和不等式的基础,如列方程需先构建代数表达式 ❸ ❻。
   - 因式分解不仅用于简化运算,还在解一元二次方程(如十字相乘法)中起核心作用 ❼ ❾。

二、方程——等量关系的数学表达

核心概念:

1. **方程分类与解法**
   - 一元一次方程:通过移项、合并同类项求解,体现等式性质(如 $2x+3=7$ 的解 $x=2$)❻ ❾。
   - 二元一次方程组:消元法(代入消元、加减消元)将复杂问题转化为一元方程 ❷ ❾。
   - 一元二次方程:求根公式 $x = \frac{-b \pm \sqrt{b^2 - 4ac}}{2a}$,根的判别式 $\Delta = b^2 - 4ac$ 判断实根情况,根与系数关系 $x_1 + x_2 = -\frac{b}{a}$,$x_1 x_2 = \frac{c}{a}$ 支撑实际应用 ❾ ❿ ⓫。

2. **逻辑关联**
   - 代数式运算为方程提供表达式(如用多项式表示方程两边)。
   - 整式变形(如因式分解)直接用于降解二次方程 ❶ ❼。
   - 方程思想(化归、消元)是解决复杂问题的通用方法,如将二元问题化为一元问题 ❷ ❾。

与此类似，还可以向AI做如下提问。

1.请分析初中几何核心内容（三角形性质、相似判定、圆定理）间的逻辑链条。

2.梳理方程与函数的核心联系（一元二次方程、一次函数、二次函数），标注关键公式间的演变规律和应用场景差异。

3.对比初中代数与几何的核心模块（如方程与勾股定理、不等式与相似比），提炼跨章节的逻辑支撑点与综合运用路径。

通过"概念—公式—变式"深入学习知识点

系统化梳理知识结构是提高学习效率的重要方法。采用"概念—公式—变式"的三段式学习框架，学生既能把握基础理论的核心要义，又能通过公式推导加深理解，最后借助变式训练强化应用能力。这种递进式学习模式有助于建立完整的知识体系，但在实际运用中常面临概念混淆、公式套用不当、变式关联不清等典型问题。通过AI生成结构化的学习案例，可以直观展现三者间的逻辑关系，辅以典型例题的对比分析，使学习者更清晰地掌握知识点的本质特征与应用边界。

下面是笔者在腾讯元宝里使用的提示词及得到的结果。

我的提问

我应该怎样通过"概念—公式—变式"这个模式来学习完全平方公式？

AI回答

通过"概念—公式—变式"模式学习完全平方公式，可以系统化地掌握其核心内容和应用技巧。以下是具体建议。

一、概念理解：从代数与几何角度建立基础

1.代数定义

完全平方公式描述两数和的平方展开形式，其核心是"首平方，尾平方，二倍乘积放中央"。例如：

两数和平方：$(a+b)^2=a^2+2ab+b^2$

两数差平方：$(a-b)^2=a^2-2ab+b^2$

关键点：公式中的 a、b 可以是数、单项式或多项式，需理解其通用性。

2.几何直观

通过图形面积验证公式。例如，将边长为 $(a+b)$ 的正方形拆分为 a^2、b^2 和两个 ab 的矩形，直观地体现公式结构。

二、公式掌握：熟记口诀与推导方法

1.口诀记忆

标准口诀："首平方，尾平方，积的二倍放中央"。

符号规则："同号加、异号减，负号添在异号前"（用于处理符号变化）。

> 2.公式推导
> 从多项式乘法出发，通过展开$(a\pm b)(a\pm b)$验证公式，强化对结构的理解。
> ……

与此类似，还可以向AI做如下提问。

1.请用"概念—公式—变式"模式讲解勾股定理：先解释定理的核心思想，再列出公式表达式，最后展示不同情境下的变形应用（如逆定理或实际问题）。

2.用"概念—公式—变式"分析平行四边形的性质：从对边平行的定义出发，推导周长/面积公式，再拓展到矩形、菱形等特殊情况的变式题。

3.如何通过"概念—公式—变式"学习一次函数？先明确函数定义与图像特征，再总结一般式$y=kx+b$，最后举例讨论k/b变化或与方程、不等式的关联题型。

批量区分易混淆的知识点

在学习初中数学的过程中，部分概念因存在相似特征容易引发理解偏差。通过系统的对比分析，能够有效地辨析知识点的本质属性与适用范围，建立清晰的知识架构。建议采用分类整理、对比记忆等方法，结合典型例题进行强化训练，从而提升对数学概念的准确理解与灵活运用的能力。

下面是笔者在腾讯元宝里使用的提示词及得到的结果。

我的提问

> 初中数学中有一些相似的概念容易让人混淆，请将这些概念列出来，并做对比讲解。

AI回答

> 初中数学中存在多个容易混淆的相似概念，下面从数、式、形3个维度进行对比讲解。
>
> 一、数与代数类
> 1.相反数 vs 倒数
> 相反数：符号相反、绝对值相等的数，如3的相反数是−3。其核心是"和为0"。
> 倒数：乘积为1的两个数互为倒数，如3的倒数是1/3。其本质是"积为1"。
> 混淆点：两者均涉及数的关系，但运算逻辑不同。
> 2.有理数 vs 实数
> 有理数：可表示为分数（含整数），如2、1/3、0.5。
> 实数：包含有理数和无理数（如$\sqrt{2}$、π）。
> 关键差异：实数范围更广，包含无限不循环小数。
> 3.一元一次方程 vs 一元二次方程 vs 二元一次方程
> "元"与"次"
> 一元一次：1个未知数，最高次数为1（如$3x+2=0$）。

一元二次：1个未知数，最高次数为2（如 $x^2-5x+6=0$）。
二元一次：2个未知数，每个项次数为1（如 $x+y=3$）。
易错点：混淆"元"的数量与"次"的界定标准。
……

与此类似，还可以向AI做如下提问。

1.初中数学几何部分有许多易混淆的图形性质，请针对相似三角形与全等三角形、平行四边形与矩形、菱形与正方形等图形，分别列出它们的判定定理、性质定理，并通过对比的方式进行讲解，同时给出相应的例题进行说明。

2.在初中数学中，代数运算和解题方法容易混淆，请列出有理数运算、整式运算、分式运算、根式运算等不同运算的法则和注意事项，并对比它们的异同点。

3.在初中数学中，关于函数的知识点容易混淆，请列出一次函数、二次函数、反比例函数的定义、图像特征、性质及应用，并进行对比讲解。

利用生活场景理解数学知识

活用数学知识为老人计算5年定存利息

将数学知识融入实际生活，是理解抽象概念的有效途径。通过为家庭长辈计算定期存款本息的过程，青少年既能巩固复利计算原理，又能培养运用数学解决现实问题的能力。这里以初中生向长辈讲解5年期银行存款收益为场景，展示如何通过分步计算法将理论公式转化为通俗易懂的讲解方式，在体现孝心关怀的同时彰显数学的实际价值。

下面是笔者在腾讯元宝里使用的提示词及得到的结果。

我的提问

我是一名初中生，要给家里老人讲解并计算一下，如果5年期银行存款年利率2.4%，存入30万元，复利计算，连续存5年后本息合计是多少？要详细列出每一年所得，回复时要用晚辈对长辈说话的语言风格，要通俗，且计算过程明确清晰。

AI 回答

爷爷奶奶，我来给您们详细算一下这个存款的情况。咱们慢慢来，保证每一步都清楚明白！

存款信息
本金：30万元
年利率：2.4%

> 存期：5年
> 计算方式：复利（利息也会"生利息"）
> 每年计算过程
> 1. 第一年
> 本金：30万元
> 利息：30万 × 2.4% = 7200元
> 本息合计：30万 + 7200 = 307,200元
> （利息加入本金，第二年继续生息）
> 2. 第二年
> 本金：307200元
> 利息：307200 × 2.4% = 7372.8元
> （比第一年利息多了172.8元）
> 本息合计：307200 + 7372.8 = 314572.8元
> 3. 第三年
> 本金：314572.8元
> 利息：314572.8 × 2.4% ≈ 7550.95元
> （利息继续增加）
> 本息合计：314572.8 + 7550.95 ≈ 322123.75元
> ……

与此类似，还可以向AI做如下提问。

1.假设3年期国债年利率是3.2%，用单利计算的方式帮外婆计算20万元投资到期后的总收益，要求用孙辈给祖辈讲解的口吻。

2.作为高中生给退休教师父母比较等额本息和等额本金两种房贷还款方式，要求结合具体案例用子女与父母对话的语气。

3.用八年级学生能理解的术语，向经营小卖部的叔叔解释日营业额500元、利润率为18%的月净利润计算方法。

以情境化的方式解决应用题理解困难

在学习初中数学的过程中，应用题的理解障碍往往源于数学概念与生活经验的割裂。通过将抽象的数学公式植入学生熟悉的生活场景，能有效建立数学思维与现实世界的联系，降低认知门槛。这种情境化教学方法既可增强知识迁移能力，又能培养运用数学工具解决实际问题的意识。

下面是笔者在腾讯元宝里使用的提示词及得到的结果。

我的提问

请基于初中数学知识,生成一些典型的应用题,生成5道融合生活场景的应用题(如网购折扣、共享单车使用、奶茶店配比等)。

AI 回答

以下是5道结合生活场景的初中数学应用题,涵盖网购折扣、共享单车调度、奶茶配比等主题,涉及方程、比例、几何等知识点。

1. 网购折扣与满减策略

某电商平台推出"春季大促",某款运动鞋原价480元,活动期间可享"满400减80"优惠券,同时店铺额外提供"第二件半价"叠加福利。小明想购买两双同款运动鞋,如何组合优惠更划算?请计算两种购买方式的实付金额,并分析最优方案。

2. 共享单车调度优化

某区域共有3个共享单车停放点(A、B、C),早高峰时段各站点车辆需求如下:A点需调入50辆,B点需调出30辆,C点需调入20辆。已知调度一辆单车的成本为0.5元/千米,各站点间的距离为:A到B 2千米,B到C 1.5千米,A到C 3千米。如何规划调度路线使总成本最低?请列出方程并求解。

3. 奶茶店配方比例计算

某奶茶店招牌饮品"四季春茶"需用茶汤与鲜奶按3∶2的比例混合。若今日已用去茶汤12升,鲜奶8升,那么:

(1)剩余材料还能制作多少升成品奶茶?

(2)若需额外准备30升奶茶,还需补充茶汤和鲜奶各多少升?

(提示:需考虑混合比例与物料利用率)

4. 家庭水电费分段计费

某市居民用电采用阶梯电价

第一档:0~200度,0.56元/度;

第二档:201~400度,0.61元/度;

第三档:401度以上,0.86元/度。

小明家上月用电量为450度,其中谷时段(22:00—6:00)用电量占30%,其余为平时段。若谷时段电价优惠20%,请计算总电费。

……

与此类似,还可以向AI做如下提问。

1 请结合初中方程知识点,设计3道以"校园运动会采购物资"为背景的应用题,需包含成本计算与找零问题,并附分步解析思路。

2.请以"校园篮球联赛"为背景,设计一道融合概率与统计的应用题。要求:①根据球员历史得分数据预测胜率;②加入"关键罚球命中率影响比赛结果"的变量分析。

3.基于相似三角形原理,生成4道以"测量教学楼高度"为场景的实践应用题,要求融入影子长度比、目测角度等生活观测要素,需要标注关键几何关系。

利用生活场景使概率问题更通俗易懂

在教学概率的过程中,将抽象概念与生活实践相结合是深化理解的有效途径。通过创设抽奖、交通出行、日常决策等具象化情境,能够将古典概型的均等可能性、条件概率的因果关系等核心知识点转化为可视化的实践操作。这种情景化教学方法不仅有助于降低认知门槛,更能引导学生通过模拟实验观察概率规律的形成过程,从而建立正确的随机思维观念。

下面是笔者在腾讯元宝里使用的提示词及得到的结果。

我的提问

生成概率计算题目,涵盖古典概型、条件概率等,要求每题设定一个具体的生活场景(如抽奖、掷骰子),并提供情景模拟的步骤,帮助学生通过模拟实验理解概率的概念。

AI 回答

以下是结合生活场景设计的概率计算题目,涵盖古典概型、条件概率等核心知识点,每个题目均包含情景模拟步骤和理论分析,帮助学生通过实验理解概率的概念。

题目1:抽奖活动中的古典概型

场景:某商场举办抽奖活动,抽奖箱中有5个红球、3个蓝球和2个黄球,参与者随机摸出一球,若为红球则中奖。

模拟步骤:

1. **准备材料**:用不同颜色的小球(或纸条)代表红、蓝、黄球,按比例放入袋中。
2. **实验操作**:学生每次摸一球,记录颜色后放回,重复50次。
3. **统计结果**:计算红球出现的频率(中奖次数/总次数)。
4. **理论对比**:古典概率公式计算中奖率:$P(红球) = \frac{5}{5+3+2} = \frac{1}{2}$。

思考:为什么实验频率可能略偏离理论值?如何通过增加实验次数减少偏差? ① ⑥

题目2:掷骰子游戏的条件概率

场景:甲、乙两人玩掷骰子游戏,若两枚骰子点数之和为7,则甲获胜;否则乙获胜。已知第一枚骰子点数为3,求甲获胜的概率。

模拟步骤:

1. **实验操作**:掷第一枚骰子固定为3,第二枚骰子独立掷出,记录点数之和是否为7。
2. **重复实验**:进行30次,统计符合条件的结果。
3. **理论计算**:条件概率公式 $P(和 = 7 \mid 第一枚 = 3) = \frac{1}{6}$(第二枚需为4)。

对比分析:实验频率是否接近理论值?说明条件概率与独立事件的关系。 ⑨ ⑬

......

与此类似,还可以向AI做如下提问。

1.设计统计推断练习题,要求结合校园调查场景(如学生身高测量、课外活动时长统计),详细说明数据收集方法和可视化呈现技巧。

2.创建几何证明题组,每道题需关联建筑结构或自然现象(如桥梁承重、日晷投影),标注辅助线添加逻辑与空间想象训练要点。

3.编写函数应用题系列,设定网购优惠、健身计划等现实情境,要求呈现变量关系建立过程和图像分析指导方案。

利用类比搞懂抽象函数的概念

数学概念的理解往往需要借助具体形象的支撑,对于抽象性较强的函数概念更是如此。通过构建生活化的类比模型,不仅能够降低认知门槛,还能帮助学习者建立数学知识与现实世界的联系。本文选取两类典型函数进行示范性解析,着重展示如何从具体情境中提炼函数关系,并将数学表达式回归到实际应用场景中进行验证。

下面是笔者在Kimi里使用的提示词及得到的结果。

我的提问

请分别解释线性函数、二次函数的概念,并使用日常生活中的例子进行类比,要求每个例子都包含函数表达式的构建和应用场景描述。

AI回答

1.线性函数的概念

线性函数是数学中一种基本的函数形式,其一般表达式为:$y=kx+b$,其中k和b是常数,且$k \neq 0$。

线性函数的图像是一条直线,其特点是"线性"——即随着自变量x的变化,因变量y以固定的比例变化。这种函数关系在许多实际问题中都有广泛的应用。

日常生活中的例子:出租车费用计算

假设某城市出租车的收费标准如下:起步价为10元(包含前3千米),超过3千米后,每千米收费2元。我们可以用线性函数来描述这种费用计算方式。

函数表达式:

设行驶的总路程为x千米($x \geq 3$),总费用为y元。则费用计算公式为:
$y=10+2(x-3)=2x+4$

这里,$k=2$表示每千米的费用,$b=4$是起步价扣除前3千米费用后的基础费用。

应用场景描述:

假设乘客乘坐出租车行驶了8千米,根据上述公式,总费用为:
$y=2 \times 8+4=20$元

这种线性关系使得费用计算变得简单明了,乘客可以根据行驶距离快速估算费用。

……

与此类似，还可以向AI做如下提问。

1.请解释正比例函数的概念，并用"匀速行驶的汽车油耗与里程的关系"进行类比，要求构建函数表达式并描述如何通过已知油耗量估算可行驶里程。

2.请说明反比例函数的特点，以"工人数量与完成工程所需时间的关系"为例进行类比，需包含函数式构建（如工作量固定）及实际应用场景分析。

3.请对比一次函数与二次函数图像差异，用"匀速上升的气球"和"抛物线形喷泉水流"作生活类比，分别构建函数式并解释变量如何影响图像变化趋势。

理解世界知名的"三门问题"

在概率论发展史上，"三门问题"因其反直觉的结论引发了广泛讨论，成为培养学生理性思维的重要案例。通过运用初中阶段学习的概率基础原理，我们可以清晰地揭示事件背后的数学规律。这一经典问题不仅能帮助学生了解条件概率的运作机制，更能训练其运用数学工具分析现实问题的能力。

下面是笔者在腾讯元宝里使用的提示词及得到的结果。

我的提问

如何用初中学习过的概率知识来解释下面的这个三门游戏。

三门游戏是指在电视台举办的猜隐藏在门后面的汽车的游戏节目。在节目中，参赛者对面有3扇关闭的门，其中只有一扇门的后面有一辆汽车，其他两扇门后是山羊。游戏规则是，参赛者先选择一扇他认为其后面有汽车的门，但是这扇门仍保持关闭状态，紧接着主持人打开没有被参赛者选择的另外两扇门中后面有山羊的一扇门，这时主持人问参赛者，要不要改变主意，选择另一扇门，以使得赢得汽车的概率更大一些。参赛者如何做才能增加抽中汽车的概率？为什么？

AI 回答

解答：如何用初中概率知识解释三门游戏？

问题背景

三门游戏（蒙提霍尔问题）的核心规则如下。

1.参赛者从3扇关闭的门中选择一扇（概率均为1/3），但门暂时不打开。

2.主持人（知道门后情况）从剩下的两扇门中打开一扇有山羊的门。

3.参赛者可以选择是否换到剩下未打开的那扇门。

关键问题：换门是否能提高中奖概率？

用初中概率知识解析

1.初始选择的概率

参赛者第一次选择时，3扇门的中奖概率均为1/3，选错的概率是2/3（因为两扇门后是山羊）。

例如，如果汽车在门1后：
选门1（正确）：概率1/3；
选门2或门3（错误）：概率各1/3，合计2/3。
2.主持人行为的"信息揭示"
主持人打开一扇山羊门的操作，看似排除了一个错误选项，但实际改变了剩余门的概率分布：
如果不换门：
中奖概率仍是初始选择的1/3（因为主持人行为不影响已选门的初始概率）。
如果换门：
此时相当于选择"初始未选的两扇门中的正确者"，而这两扇门的初始中奖概率合计为2/3。主持人通过排除一扇山羊门，将这两扇门的概率集中到了剩下的那扇门上。因此，换门的中奖概率提升到2/3。
……

与此类似，还可以向AI做如下提问。

1.如何用概率数解释生日悖论现象？

2.怎样通过期望值计算说明彩票购买的数学合理性？

3.用排列组合原理解释扑克牌游戏中的同花顺概率计算。

利用质数概念理解蝉的生命周期

在自然界中，某些生物的生命周期与数学规律呈现出惊人的契合。北美洲的蝉选择13年或17年这种质数周期破土而出的现象，体现了生物进化过程中形成的特殊生存策略。通过数学视角分析可知，质数特有的不可分解性能够有效避免与其他生物周期产生共振，从而降低种群竞争压力。类似的现象还存在于其他具有质数间隔特征的动植物中，例如7年繁殖周期的竹类植物。这种数学与生物学的交叉研究，为人们理解自然界的深层规律提供了独特视角。

下面是笔者在腾讯元宝里使用的提示词及得到的结果。

我的提问

我是一名初中生，我想知道北美洲的蝉要隔13或17年才出现一次，这跟数学有什么关系？类似的情况还有哪些？

AI回答

北美洲的蝉每隔13或17年才出现一次的现象，确实与数学中的质数密切相关。以下是通俗易懂的解释和类似的案例。

一、蝉的质数周期与数学原理

1.质数的特性

质数是只能被1和自身整除的数（如13、17）。如果蝉选择质数作为生命周期，它们与天敌的繁殖周期"撞车"的概率会大幅降低。例如：

如果蝉的周期是12年（非质数），当天敌周期为2、3、4、6年时，双方会频繁相遇。

若周期是17年（质数），天敌的周期需要是17的倍数（如17年、34年）才会同步，这几乎不可能发生。

2.最小公倍数的作用

假设天敌的周期是3年，蝉的周期是17年，两者相遇的间隔为17×3=51年；如果蝉的周期是12年，相遇间隔仅为12年。质数大幅延长了相遇周期，提高了生存概率。

3.进化论的自然选择

科学家推测，历史上可能有不同周期的蝉，但非质数周期的蝉因频繁被捕食而灭绝，只有质数周期的群体存活下来。

……

与此类似，还可以向AI做如下提问。

1.向日葵花盘排列中是否蕴含着数学规律？这种数学规律还体现在哪些植物生长过程中？

2.蜂巢的六边形结构如何体现几何最优解？动物界还有哪些类似的建筑智慧？

3.候鸟迁徙路线与概率分布有什么关系？这种数学规律如何帮助它们规避风险？

怎样通过计算获得最大促销优惠

在电商促销活动中，掌握科学的计算方法能有效提升消费决策的合理性。当前促销政策为全场商品8折后，若折后价满100元可再减20元。消费者需通过数学建模与函数分析，精准定位优惠力度最大的商品价格区间。理解分段函数特征与临界值计算是解题核心，有助于在复杂的促销规则中实现利益最大化。

下面是笔者在腾讯元宝里使用的提示词及得到的结果。

我的提问

最近电商网站在做促销，政策是全场8折后，满100再减20，我应该怎样计算出买哪一个价格的商品，才可以获得最大优惠。

AI回答

根据促销政策"全场8折后满100减20"，要最大化优惠，需通过数学计算找到最优价格区间，并结合购物策略合理规划。以下是具体分析和建议。

一、关键价格点的计算

1.触发满减的最低原价

满减条件为折后价≥100元，即原价需满足：

原价 × 0.8 ≥ 100 → 原价 ≥ 125元

> 当原价为125元时，折后100元，再减20元，实际支付80元，相当于6.4折（80/125=64%）。
> 若原价超过125元（例如150元），折后120元，再减20元，实际支付100元，折扣率为66.7%（100/150），优惠力度减弱。
> 2. 低于125元的商品
> 若原价＜125元，仅享受8折，无满减优惠。例如原价100元，实际支付80元（8折），折扣率高于125元的情况。
> 结论：原价125元是理论最优价格点，此时折扣力度最大（6.4折）。
> 二、实际购物策略
> 优先选择接近125元的商品
> 若单件商品原价接近125元（如120～130元），可单独购买，享受最大折扣。
> 若商品价格略低于125元（如100元），可搭配小额商品凑单至125元。例如：购买100元商品+25元商品，折后总价100元，再减20元，实际支付80元，整体折扣率64%。
> ……

与此类似，还可以向AI做如下提问。

1. 满300减50叠加优惠券，如何组合付款最划算？（需构建多约束条件优化模型，分析价格区间与券种叠加规则）

2. 第二件半价vs直接打折，哪种促销模式利润更高？（通过需求弹性计算，比较不同定价策略对客单价的影响）

3. 在阶梯满减活动中，拆单购物能否提升总优惠？（运用动态规划思想，寻找订单拆分的最优分割点）

解题思路引导

归纳同类题型的解题方法

在学习数学的过程中，系统梳理同类题型的解题思路是提升学科素养的关键环节。通过分析题目特征、提炼共性规律，能够帮助学生跳出孤立解题的思维局限，形成举一反三的能力。借助AI工具对海量习题进行分类归纳、标注核心考点，可有效缩短自主总结规律的时间，优化学习策略。

下面是笔者在秘塔AI搜索里使用的提示词及得到的结果。

我的提问

> 在解初中的一元二次方程时有哪些特别有用的技巧？每一种方法要给出示例。

AI 回答

在初中阶段解一元二次方程时，掌握核心方法并根据方程的特点灵活选择解法至关重要。以下是 4 种主要方法的详细解析及典型示例。

一、直接开平方法

适用条件：方程已呈现或可转化为 $(x+a)^2 = b$ 或 $x^2 = p$ 的形式，且 $b \geq 0$。

步骤：

1. 将方程变形为平方项单独在左端的标准形式；
2. 对两端开平方，注意正负根；
3. 解出未知数。

示例 1：解方程 $x^2 - 4 = 0$

1. 移项：$x^2 = 4$
2. 开平方：$x = \pm\sqrt{4} = \pm 2$

解得：$x_1 = 2, x_2 = -2$ ㉟

示例 2：解方程 $2(x-1)^2 - 8 = 0$

1. 移项：$2(x-1)^2 = 8 \Rightarrow (x-1)^2 = 4$
2. 开平方：$x - 1 = \pm 2$

解得：$x_1 = 3, x_2 = -1$ ㉟

二、配方法

适用条件：所有一元二次方程，尤其当系数较简单或需推导求根公式时。

步骤：

1. 二次项系数化为 1；
2. 移常数项至右端；
3. 左右两端加上一次项系数一半的平方；
4. 左端配方为完全平方，右端化简；
5. 按直接开平方法解方程。

示例：解方程 $3x^2 - 6x - 12 = 0$

1. 二次项系数化为 1：$x^2 - 2x - 4 = 0$
2. 移项：$x^2 - 2x = 4$
3. 配方：$x^2 - 2x + 1 = 4 + 1 \Rightarrow (x-1)^2 = 5$
4. 开平方：$x - 1 = \pm\sqrt{5}$

解得：$x = 1 \pm \sqrt{5}$ ⑱回

与此类似，还可以向AI做如下提问。

1.在初中几何学习中，证明三角形全等时，常用的判定定理有哪些？请列举每种定理的使用条件并各举一道例题说明，例如已知两边及夹角对应相等的题型。

2.总结二次函数图像平移题型的解题步骤，需说明如何从顶点推导平移方向，并举例 $y=2(x-3)^2+1$ 向右移2单位后的表达式。

3.归纳初中几何中证明三角形全等的常用方法，每种方法需附关键判定条件和示例图形条件，如SSS、SAS对应的边长、角度关系。

分析错误原因，找到正确的解题思路

在解决比例应用题时，正确建立数量关系模型是解题的关键。通过分析题干中的比例变化，需要构建与总数量相关的等式方程。常见的错误往往源于对比例对应量的理解偏差，或者未将变量统一到同一基准进行运算。下面通过具体的案例展示诊断错误出现原因的诊断过程，并给出规范化的解题思路，帮助理解比例类问题的核心解法原理。

下面是笔者在Kimi里使用的提示词及得到的结果。

我的提问

> 题目为"看一本书，第一天读的页数与未读页数之比是1∶3，第二天看了120页，这时已读的与未读页数之比是2∶3，这本书有多少页？"
>
> 我的解题步骤为"120×（2/（2+3））-（1/（1+3））=120×（3/20）=180（页）"，我的方法为什么不对？

AI回答

> 首先，我们来分析一下题目和你的解题过程。
>
> 题目说，第一天读的页数与未读页数的比是1:3，这意味着第一天读了全书的1/4。第二天看了120页后，已读的与未读页数的比是2:3，这意味着此时已读了全书的2/5。
>
> 你的解题过程是：
>
> $$120 \times \left(\frac{2}{2+3}\right) - \left(\frac{1}{1+3}\right) = 120 \times \left(\frac{3}{20}\right) = 180 \,(页)$$
>
> 这个过程是不正确的。你似乎在尝试计算第二天阅读的120页占全书的比例，但是你的计算方法有误。
>
> 正确的解题步骤应该是这样的：
>
> 1. 设全书的页数为 x。
> 2. 第一天读了 $\frac{1}{4}x$ 页，所以未读的页数是 $\frac{3}{4}x$。
> 3. 第二天读了120页后，已读的页数是 $\frac{1}{4}x + 120$，未读的页数是 $\frac{3}{4}x - 120$。
> 4. 根据题目，此时已读的与未读页数的比是2:3，所以我们可以建立方程：
>
> $$\frac{\frac{1}{4}x+120}{\frac{3}{4}x-120} = \frac{2}{3}$$

> 5. 解这个方程：
> $3\left(\frac{1}{4}x + 120\right) = 2\left(\frac{3}{4}x - 120\right)$
> $\frac{3}{4}x + 360 = \frac{3}{2}x - 240$
> $360 + 240 = \frac{3}{2}x - \frac{3}{4}x$
> $600 = \frac{6}{4}x - \frac{3}{4}x$
> $600 = \frac{3}{4}x$
> $x = 600 \times \frac{4}{3}$
> $x = 800$
>
> ……

与此类似，还可以向AI做如下提问。

1.如何判断比例应用题中是否需要考虑总量恒定？当出现"再读××页"类条件时应注意什么？

2.若题目改为"第二天读后已读与未读比为3:2"，应如何调整方程？这种变化对结果有什么影响？

3.用线段图示法解比例问题时，怎样标注各阶段的量变关系更清晰？请绘制示意图辅助说明。

针对性练习同类错题

在数学学习中，通过反复练习同类题型的典型错题，能够有效巩固统计图表、代数运算等基础知识点的掌握。针对数据分组、极差计算等易错环节进行专项训练，可以帮助学生理解数学概念的本质差异，培养严谨的解题思维。通过AI工具批量生成梯度化练习题，能够为系统化训练提供丰富的学习资源。

下面是笔者在腾讯元宝里使用的提示词及得到的结果。

我的提问

> 一组数据最大值与最小值的差为26，若确定组距为5，则分成的组数是多少。根据这道题的知识点，再出3道类似的题目，难度可以依次提高。

AI回答

> 根据题目知识点及解答过程，现提供答案及拓展练习题如下。
>
> 原题解答
>
> 已知极差=26，组距=5，则组数=极差÷组距=26÷5=5.2。根据统计学分组原则"商有小数部分，只进不舍"，需向上取整为6组。
>
> 拓展练习题（难度递增）
>
> 1.基础题
>
> 一组数据的极差为38，若组距定为6，分成的组数是多少？

关键点：直接计算组数并向上取整。

2.逆向计算题

若数据分成了8组，组距为4，则这组数据的极差可能的最小值和最大值分别是多少？

关键点：根据公式推导极差范围［需满足（组数－1）×组距＜极差≤组数×组距］。

3.综合应用题

某次实验测量了50个样本的长度（单位：cm），部分频数分布如下：

第一组：$10 \leqslant x < 15$，频数5

最后一组：$35 \leqslant x < 40$，频数8

已知所有数据的最小值为10，最大值为39.5，且组距相同。求组距和组数，并补全中间各组的频数分布表。

关键点：结合极差、组距、组数计算，并处理边界值（如最大值39.5是否包含在最后一组内）。

……

与此类似，还可以向AI做如下提问。

1.已知方程$2x+5=17$的解是$x=6$，请设计3道含不同运算步骤的同类型方程题。

2.根据三角形内角和定理，编写3道由易到难的几何证明题。

3.针对概率中的古典概型，生成3道包含不同事件复杂程度的应用题。

第 5 章　用 AI 学习英语

快速掌握单词

快速记忆同一类派生词

在积累词汇的过程中，系统性地归类记忆派生词是提升学习效率的有效方法。通过集中学习具有相同后缀的词汇，既能掌握构词规律，又能通过对比强化记忆效果。对于以-tion结尾的派生词这类高频考点，结合音标标注和语境例句进行学习，可以帮助学生同步提升发音的准确性和应用能力。

下面是笔者在腾讯元宝里使用的提示词及得到的结果。

我的提问

> 我是一名高中生，希望学习高中阶段应该掌握的以-tion结尾的派生词，请列表，标明读音，并给出例句。

AI 回答

一、常见的以"tion"结尾的单词

1. **Education** /ˌedʒʊˈkeɪʃən/
   - 释义：教育
   - 例句：Quality education is essential for students' future development.

2. **Application** /ˌæplɪˈkeɪʃən/
   - 释义：申请；应用
   - 例句：She submitted her college application before the deadline.

3. **Communication** /kəˌmjuːnɪˈkeɪʃən/
   - 释义：交流；通信
   - 例句：Effective communication skills are crucial in teamwork.

4. **Contribution** /ˌkɒntrɪˈbjuːʃən/
   - 释义：贡献
   - 例句：His contribution to the project was highly praised.

5. **Competition** /ˌkɒmpəˈtɪʃən/
   - 释义：比赛；竞争
   - 例句：The school will host a science competition next month.

6. **Introduction** /ˌɪntrəˈdʌkʃən/
   - 释义：介绍；引进
   - 例句：The teacher gave a brief introduction to the new topic.

7. **Pollution** /pəˈluːʃən/
   - 释义：污染
   - 例句：Air pollution has become a global environmental issue.

8. **Celebration** /ˌselɪˈbreɪʃən/
   - 释义：庆祝
   - 例句：We held a celebration for the school's 50th anniversary.

......

与此类似，还可以向AI做如下提问。

1.请整理以-able结尾的形容词，标注重音位置并设计记忆口诀。

2.如何通过词根记忆法快速掌握以geo-开头的学术词汇。

3.为初中生设计包含-ful后缀词汇的填空练习题，附带答案解析。

通过分析词源深入理解单词

探究词汇的起源与演变是掌握语言规律的重要途径，通过解析单词的词源构成，能够帮助学习者理解其核心语义及文化内涵。这种方法不仅有助于加深记忆深度，还能培养系统性思维，使词汇学习突破机械记忆的局限。借助人工智能技术进行词源学分析，可以快速获取跨语种、跨时代的考证资料，为语言学习者提供专业级的学术支持。

下面是笔者在腾讯元宝里使用的提示词及得到的结果。

我的提问

> 分析 environment 这个单词的词源，要有理有据，不能瞎编。

AI 回答

> environment 的词源解析
>
> 1.词源构成
>
> "environment"一词源于古法语动词 environner（意为"环绕、包围"），由前缀 en-（表示"使进入"）+ 词根 viron（意为"周围、环绕"）构成。古法语词根 viron 本身又来自拉丁语 virō（意为"圆形路径"或"环形运动"），与拉丁语 circum（周围）有语义关联。
>
> 2.构词法分解
>
> 现代英语中的"environment"通过派生法形成。
>
> en-（前缀）：表示"使进入"或"置于其中"（如 enclose、encircle）。
>
> viron（词根）：源自法语"环绕"的概念，对应英语中的"surround"或"around"。
>
> -ment（后缀）：名词化后缀，表示结果或状态（如 movement、development）。
>
> ……

与此类似，还可以向AI做如下提问。

1.请分析"philosophy"的词源结构，说明希腊语词根如何影响其现代含义。

2.从词源学角度解释"technology"如何由"techne"（技艺）和"logia"（研究）组合演化。

3.考证"democracy"的希腊词根"demos"与"kratos"，解析其权力归属的原始含义。

定制个性化的单词背诵计划

在语言学习过程中，科学记忆方法是提升词汇掌握效率的关键。通过结合认知心理学原理与教材内容制定系统化复习方案，既能强化新单词的首次记忆效果，又能有效对抗自然遗忘规律。

下面是笔者在腾讯元宝里使用的提示词及得到的结果。

我的提问

请根据人教版八年级下册 Unit 3 词汇表，用艾宾浩斯遗忘曲线原理，定制一个个性化的单词背诵计划，最终计划要以表格的形式出现，计划需包括每天背诵的具体新单词及数量、复习旧单词的安排，以及每个单词的初次学习和后续复习的时间间隔。

AI 回答

以下是基于人教版八年级下册 Unit 3 词汇表（以搜索结果中高频出现的"clean up""cheer up""volunteer"等词汇为参考）设计的30天艾宾浩斯记忆法单词背诵计划表，结合遗忘曲线原理设计了动态复习周期。

日期	新单词（10个/天）	复习内容（按遗忘曲线调整）	记忆大脑总说明
Day1	clean up, cheer up, volunteer, homeless, hunger, advertisement, notice, sign	无	初次学习时标注音标和例句（如：volunteer [ˌvɒlənˈtɪə] 志愿者）7 12
Day2	repair, fix, wheel, letter, disabled, blind, deaf, imagine	Day1单词（间隔1天）	用想象造句法强化记忆（如：imagine helping blind people）12
Day3	difficulty, open, door, carry, train, excited, kindness, satisfaction	Day1单词（间隔2天）+ Day2单词（间隔1天）	分组记忆情感类词汇（excited/kindness/satisfaction）12
Day4	joy, owner, journey, raise, alone, several, strong, feeling	Day2单词（间隔2天）+ Day3单词（间隔1天）	制作短语卡片（如：raise money, strong feeling）13
Day5	单元总复习	Day1-4全部单词（间隔4天）	结合课文例句进行情境记忆 7
Day6	暂停新词	Day1单词（间隔5天）+ Day3单词（间隔3天）	通过听力材料验证发音记忆 7
Day7	暂停新词	Day2单词（间隔5天）+ Day4单词（间隔3天）	进行词性转换练习（如：excited→excitement）12
Day8	单元检测	Day1-7所有单词	用单元测试卷检验记忆效果 13
Day15	暂停新词	筛选错误率＞30%的单词重点复习	采用词根记忆法（如：-ness后缀词 kindness/happiness）12
Day30	终极复习	全部Unit3单词	结合完形填空进行应用强化 13

配套执行策略

1.时间管理：每天早晚各25分钟（早学新词+晚复习），碎片时间用单词App巩固。

2.记忆工具：建议使用Anki创建数字卡片，设置5分钟/30分钟/12小时自动复习提醒。

3.检测机制：每周日进行听写测试（重点检测第1/2/4/7天学习内容）。

4.特殊标记：用☆标注3次复习仍易错词汇，第15天集中攻关（如disabled/deaf易混淆）。

……

与此类似，还可以向AI做如下提问。

1.如何高效记忆短语和固定搭配？

2.如何利用艾宾浩斯遗忘曲线规划语法学习？
3.如何根据个人英语水平定制听力训练计划？

记忆易混淆的单词

在英语学习过程中，准确区分形近词和近义词是提升语言能力的重要环节。通过科学的记忆方法对易混淆词汇进行系统梳理，能够有效避免使用错误，巩固基础知识体系。关联记忆法作为经典的学习策略，可通过建立词汇间的逻辑联系，帮助学习者形成清晰的认知网络。

下面是笔者在Kimi里使用的提示词及得到的结果。

我的提问

请对比记忆以下4组中考高频易混词：① affect/effect；② adapt/adopt；③ lie/lay/lain；④ complement/compliment。通过"关联记忆法"，帮我区分并记忆。

AI 回答

以下是通过关联记忆法对这4组易混词的区分和记忆方式。

① affect/effect

- **affect**：读音为 [əˈfekt]，是动词，常表示"影响；作用"的意思，强调的是对某人或某物产生的作用或产生的变化，比如 "The weather can affect our mood"（天气会影响我们的心情），这里把天气和心情联系起来，天气这个因素对心情产生了影响，就像天气变化这个动作作用在心情上一样。
- **effect**：读音为 [ɪˈfekt]，是名词，意思是"效果；结果；影响"，它侧重于描述由某种原因所产生的结果或者产生的影响本身，例如 "The effect of the medicine was surprising"（这种药的效果令人惊讶），这里强调的是药物所产生的那个结果，也就是效果。

可以这样关联记忆：affect 是动词，想象成一个"动作"去影响别的事物，而 effect 是名词，想象成这个"动作"产生出来的"结果"。

② adapt/adopt

- **adapt**：读音为 [əˈdæpt]，是动词，意思是"使适应；改编"，比如 "He can adapt himself to the new environment quickly"（他能很快适应新环境），这里把人和新环境联系起来，通过改变自己去适应环境；还有 "The novel was adapted for TV"（这部小说被改编成电视剧），这里把小说和电视剧这种形式联系起来，对小说进行了改编。
- **adopt**：读音为 [əˈdɑːpt]，也是动词，主要意思是"收养；采用；采纳"，例如 "They adopted a child last year"（他们去年收养了一个孩子），这里把他们和孩子联系起来，通过收养这个行为建立了关系；"The company decided to adopt the new plan"（公司决定采用这个新计划），这里把公司和新计划联系起来，表示公司采纳了这个计划。

可以这样关联记忆：adapt 中的 "ad-" 可以理解为"向……"，有一种改变自己去适应的感觉；而 adopt 中的 "ad-" 也可以理解为"向……"，但更侧重于"拿过来""采用"的意思，就像把一个孩子"拿过来"收养，或者把一个计划"拿过来"采用。

……

与此类似，还可以向AI做如下提问。

1. "run"这个词除了常见的"跑"的意思外，还有很多其他含义，能不能分析一下"run"在不同场景下的用法，并给出一些区分它与易混淆单词的方法呢？

2. "make"和"do"在很多情况下都可以表示"做"的意思。请详细解释一下它们的用法差异，并提供一些记忆要点，帮助我准确运用这两个单词。

3. "look at""see""watch"和"read"都与视觉动作有关，但含义和使用场景有所不同。能不能详细分析一下这几个词的差异，并教我一些记忆和区分它们的技巧呢？

快速记忆 10 个不相关的单词

在语言学习过程中，通过语境构建实现词汇的高效记忆是重要的认知策略。将孤立的目标词汇融入连贯的叙事场景，既能强化单词的语义关联，又能提升学习者的语用能力。配合检测型练习设计，可形成"输入—内化—输出"的完整学习闭环。

下面是笔者在腾讯元宝里使用的提示词及得到的结果。

我的提问

请用以下 10 个目标词汇 achieve、explore、curious、car、teacher、blackboard、gentleman、library、student、real，编写一个句子。要求：①词汇自然融入；②重点词用加粗标记；③文后附词汇表（含音标和中文释义）；④设计 5 道完形填空题检测理解效果。

AI 回答

句子示例：

The curious [student] decided to explore the [library] after school, where he met a [gentleman] reading a book about how to achieve success; later, his [teacher] pointed at the [blackboard] and said, "The [real] journey begins when you step out of your comfort zone," inspiring him to work harder—even the old [car] parked outside seemed to whisper encouragement.

词汇表：

1. **achieve** /əˈtʃiːv/ (v.) 实现
2. **explore** /ɪkˈspɔːr/ (v.) 探索
3. **curious** /ˈkjʊəriəs/ (adj.) 好奇的
4. car /kɑːr/ (n.) 汽车
5. teacher /ˈtiːtʃər/ (n.) 教师
6. blackboard /ˈblækbɔːrd/ (n.) 黑板
7. gentleman /ˈdʒentlmən/ (n.) 绅士
8. library /ˈlaɪbreri/ (n.) 图书馆
9. student /ˈstuːdnt/ (n.) 学生
10. real /riːl/ (adj.) 真实的

......

与此类似，还可以向AI做如下提问。

1.如何用10个不相关的单词编写一个有趣的故事？

2.如何利用联想法记忆复杂的单词？

3.如何设计高效的单词测试题？

高级词汇替代初级词汇

在英语写作中，恰当运用高阶词汇能够显著提升文章的专业性与表现力。通过系统性地替换基础词汇，可以有效避免表达的同质化，使行文更具学术规范性和修辞多样性。这种词汇升级策略不仅能够优化语言质量，更有助于培养严谨的学术思维，为未来的学术写作奠定坚实的基础。

下面是笔者在腾讯元宝里使用的提示词及得到的结果。

我的提问

> 为了让我的英语作文词汇看上更丰富、多样化，我准备用高级词汇替换常见的初级词汇，例如用nevertheless替换but，用considerably替代very，用broaden my horizons替代open up my eyes，类似这样的词汇还有哪些？

AI 回答

> 为了让你的英语作文更加学术化和高级，以下是一些常用初级词汇的升级替换方案，按照词性分类整理，并附上例句说明。
>
> 【连接词替换】
>
> 1. But → Nevertheless/Nonetheless/However
>
> 初级：I was tired, but I finished the work.
>
> 升级：I was exhausted; nevertheless, I completed the assignment.
>
> 2. So → Consequently/Hence/Thus
>
> 初级：It rained, so the match was canceled.
>
> 升级：The downpour persisted; consequently, the tournament was postponed.
>
> 【程度副词替换】
>
> 3. Very → Considerably/Substantially/Remarkably
>
> 初级：This method is very effective.
>
> 升级：This methodology proves remarkably efficacious.
>
> 4. A lot → A plethora of/A myriad of/An array of
>
> 初级：The museum has a lot of artifacts.
>
> 升级：The exhibition displays a myriad of cultural relics.
>
> ……

与此类似，还可以向AI做如下提问。

1.如何将英语简单句改写为包含定语从句或状语从句的复合句型？请以"I study hard. I want to get good grades."为例示范改写方法。

2.在英语议论文中，除了firstly/secondly/finally，还有哪些衔接词能体现逻辑层次？请按并列、递进、转折分类列举。

3.在学术写作中，如何避免always、very、thing等模糊词汇？请针对每个词提供3个精确的替代方案及使用场景说明。

如何采用"单词→句子→对话→短文"的模式学习

语言学习遵循循序渐进的自然规律，采用"单词→句子→对话→短文"的分阶训练模式，能够有效构建知识框架。这种系统性学习方法既保证了基础元素的扎实掌握，又通过情境化运用促进实际交流能力的提升。通过将新学词汇置于不同语言单位中反复操练，可以帮助学习者实现从机械记忆到灵活运用的认知飞跃。

下面是笔者在腾讯元宝里使用的提示词及得到的结果。

我的提问

请以"单词→句子→对话→短文"模式，用我今天刚学的单词 production 与 population 给出一个示例。

AI 回答

以下是按照"单词→句子→对话→短文"模式，结合 production（生产）与 population（人口）给出的示例。

1.单词

production [n.]

定义：生产（尤指工农业产品）

搭配：agricultural production（农业生产）、expand food production（扩大粮食生产）

population [n.]

定义：人口；全体居民；生物种群

搭配：population growth（人口增长）、global population（全球人口）

2.句子

Production 例句：

With the global population predicted to hit 10 billion by 2050, agricultural production must double to meet demand.

（随着全球人口预计在2050年达到100亿，农业生产需翻倍以满足需求。）

Population 例句：

Food production has fallen behind population growth in some regions.

（某些地区的粮食生产已跟不上人口增长。）

3. 对话

A: Did you know the global population is rising rapidly?
B: Yes, and this puts pressure on food production. How can we balance both?
A: Experts suggest sustainable farming and reducing waste. For example, by 2050, we need to increase agricultural production by 70% to feed everyone.
B: But what if some regions can't keep up with population growth?
A: That's why international cooperation and technology are crucial.
……

与此类似，还可以向AI做如下提问。

1.如何用"单词→句子→对话→短文"模式学习语法？
2.如何将"单词→句子→对话→短文"这种模式应用于听力训练？
3.如何设计一个"单词→句子→对话→短文"的学习计划？

英文中的信息转折词汇

在英语阅读过程中，准确识别信息转折点是把握文本逻辑的关键。转折词汇作为显性标志，往往预示核心观点的转移或重要信息的呈现。除常规转折连词外，还存在多种隐性表达方式，需要读者通过上下文语境和语义关系进行辨别。深入掌握这些显性与隐性转折表达，有助于提升阅读效率和信息提取能力。

下面是笔者在腾讯元宝里使用的提示词及得到的结果。

我的提问

在英文资料中，每当出现信息转折词汇时，大概率会出现更重要的信息，为此我总结了一些转折词汇，如but、however、nevertheless、although等，类似这样的词汇还有哪些，如果不用这些转换词汇，还有哪些我在阅读资料里需要注意的，有可能出现信息转换的表述方法。

AI 回答

一、显性转折词补充

1. 连词类

Whereas：用于对比两种对立情况（例：Some prefer tea, whereas others choose coffee）

While：强调前后句的对比关系（例：While she is outgoing, her brother is introverted）

Yet：隐含意外性（例：He studied hard, yet failed）

On the contrary：直接否定前文并强调相反的事实（例：It wasn't boring; on the

contrary, it was thrilling）

2. 副词/短语类

Conversely：表示逻辑上的反向推导（例：High effort doesn't guarantee success. Conversely, laziness ensures failure）

In contrast：突出差异（例：Urban areas are crowded. In contrast, rural regions are peaceful）

Instead：替代性转折（例：He didn't apologize. Instead, he left silently）

……

与此类似，还可以向AI做如下提问。

1. 能否详细解释一下"yet"作为信息转折词汇时的具体含义和使用规则？

2. "although""though"和"even though"这三个表示让步转折的词汇在用法上有哪些细微的差别？在实际写作和口语表达中，应该如何根据语境选择合适的词汇呢？

3. "while"作为信息转折词汇时，既可以表示对比，又可以表示转折，那么在具体的句子中，如何判断它所表达的是哪种逻辑关系呢？

英语语法学习

通过名人名言学习句式与语法

在语言学习过程中，将经典名言与语法知识相结合是一种有效的学习方法。哲理名言往往包含精炼的句式结构和深刻的思想内涵，既能培养语言感知能力，又能提升人文素养。通过分析名言中的语法要点与修辞手法，学习者可以同步掌握语言规则和思想表达技巧，达到事半功倍的学习效果。

下面是笔者在腾讯元宝里使用的提示词及得到的结果。

我的提问

有没有一些英语的名人名言，适合中学生记忆，同时还能对学习英语有帮助。

AI 回答

以下是一些适合中学生记忆的英语名人名言，这些句子语言简洁、寓意深刻，既能帮助学生学习英语语法和词汇，又能传递积极的价值观。

一、励志与成功主题

1. "Failure is the mother of success."

（失败乃成功之母。）

> 语法点：主系表结构，适合学习抽象名词与比喻表达。
> 2. "The man who has made up his mind to win will never say 'impossible'."
> （凡是决心胜利的人从不说"不可能"。）
> 语法点：定语从句（who引导），否定词用法。
> 3. "A thousand-mile journey begins with the first step."
> （千里之行，始于足下。）
> 语法点：动词短语（begin with），数字表达。
> 4. "Nothing is impossible to a willing heart."
> （有志者事竟成。）
> 语法点：双重否定表肯定，形容词短语作后置定语。
> ……

与此类似，还可以向AI做如下提问。

1.在英语写作中，如何巧妙地运用名人名言来提升文章的质量和表现力呢？请提供一些具体的写作示例和技巧指导。

2.名人名言中常常涉及一些特殊的语法现象，如虚拟语气、倒装句等。能否以具体的名人名言为例，深入讲解一下这些特殊语法现象在句子中的运用规则和表达效果呢？

3.许多名人名言中都包含着一些经典的句式结构，例如马丁·路德·金的"I Have a Dream"演讲中的句子。能否详细分析一下这种类型的句式结构（如强调句、排比句等）在英语表达中的作用和使用场景呢？

通过句子分析语法结构

在英语语法学习过程中，系统地分析句子成分是掌握复杂句式结构的重要方法。通过拆解句子中的主、谓、宾等基本成分，识别各类从句及其引导词，能够有效提升语法分析能力。尤其需要关注谓语动词的定位技巧，这是区分主句与从句的关键切入点。

下面是笔者在腾讯元宝里使用的提示词及得到的结果。

我的提问

> "Although it was raining heavily, we still went to the park because we had made a promise to meet our friends there." 请分析这个句子的结构，指出句子的主语、谓语、宾语、状语等成分，以及句子中包含的从句类型，并解释这些从句的引导词，以及它们在从句中的作用。同时，总结分析语法结构的方法和技巧，比如通过找句子的谓语动词来确定主句和从句。

AI回答

> 句子结构分析
> 主句：

主语：we
谓语：went
状语：
still（副词，修饰谓语动词"went"）
to the park（介词短语，作地点状语）
主句完整结构：We still went to the park（尽管下雨，主句描述最终发生的动作）。
从句类型及结构：
1.让步状语从句：
引导词：Although
从句结构：
主语：it
谓语：was raining
状语：heavily（副词，修饰"was raining"）
作用：Although引导让步状语从句，表示"尽管雨下得很大"，与主句形成对比关系。Although本身不充当从句成分，仅起连接作用。
……

与此类似，还可以向AI做如下提问。

1.分析"Not only does she play the piano, but she also composes music."倒装结构的特点及其语法功能。

2.解释"If I were you, I would reconsider the proposal."中虚拟语气的构成要素和语义特征。

3.拆解"Whoever finishes the task first will receive a bonus."中的名词性从句类型及其句法作用。

针对性练习语法知识

在英语语法学习过程中，针对不同的时态开展系统性训练是夯实基础的重要途径。通过科学地设计练习题，既能帮助学习者巩固一般现在时、一般过去时等基础时态的运用规则，又能通过拓展题型提升综合应用能力。结合多种题型的设计思路，可以有效检验学习者对语法知识的理解深度和应用灵活性，促进知识掌握从机械记忆向实际运用转化。

下面是笔者在腾讯元宝里使用的提示词及得到的结果。

我的提问

请根据中小学生英语语法中的时态（一般现在时、一般过去时、现在进行时、过去完成时等），设计一套针对性的语法练习题。要求：1.练习题的难度要适中，确保难度适合中小学生的语法水平。2.既要涵盖基础的语法知识点，又要包含一些拓展提高的题目，以检验对语法知识的掌握程度。3.请自拟题目类型，如选择题、填空题、翻译题等，并注明题目，先不要给出答案。

AI 回答

根据中小学生英语语法学习需求，我设计了一套涵盖一般现在时、一般过去时、现在进行时、过去完成时的练习题，题型包括选择题、填空题、翻译题、改错题和连词成句题，难度分层递进。以下是具体题目。

一、选择题（基础题）

1. 一般现在时

He _____ newspapers every evening.

A. reads B. is reading C. was reading D. has read

（提示：注意时间状语"every evening"）

2. 现在进行时

Look! The dog _____ under the tree.

A. sleeps B. slept C. is sleeping D. will sleep

（提示："Look!"暗示动作正在进行）

3. 一般过去时

Last weekend, I _____ fishing with my father.

A. go B. went C. have gone D. am going

（提示：时间状语"last weekend"）

4. 过去完成时

By the time we arrived, they _____ the room.

A. clean B. cleaned C. had cleaned D. will clean

（提示："By the time"表示过去某一动作前已完成）

二、填空题（综合题）

1. 时态混合

She usually _____ (read) books after dinner, but now she _____ (watch) TV.

（提示：前半句为一般现在时，后半句为现在进行时）

2. 过去完成时 + 一般过去时

When I called him, he _____ (already finish) his homework.

（提示：动作"finish"发生在"called"之前）

……

与此类似，还可以向AI做如下提问。

1.请结合英语被动语态的不同时态结构（如现在进行时被动语态、过去完成时被动语态等），设计一套包含改错题和句子重组题的专项练习。

2.请针对英语从句中定语从句和状语从句的知识点,设计包含情景造句和段落改写的混合题型练习。

3.请根据虚拟语气在条件句中的3种基本类型,设计包含选择题、句子补全和短文改错的梯度化练习题。

通过模拟聊天练习语法

在语言学习过程中,口语表达能力的培养需要持续的情景化训练。通过与不同文化背景的虚拟对象进行主题对话,能够有效克服传统课堂练习的局限性,提升实际交流中的应变能力。借助AI技术模拟真实对话场景,可为学习者创造沉浸式的语言实践环境,在反复演练中逐步增强表达自信与语言组织能力。

下面是笔者在腾讯元宝里使用的提示词及得到的结果,虽然"聊天"的过程是基于文本的,但实际上也同样能够练习语言表达。

我的提问

下面咱们通过角色扮演的形式,帮我提高英语的表达能力。你扮演一个英国伦敦的初中生,我是中国北京的初中生,我们来聊一聊美食这个话题。你要尽量使用初中生的词汇与语法进行表达,每次问一两句话就行。

我问

What's your favorite food in Beijing?

AI 回答

Oh, I love Beijing food! My favourite is Peking Duck. The crispy skin with sweet sauce, wrapped in thin pancakes – so yummy! Do you eat it often with your family?

我问

I love Peking Duck too! My family doesn't eat it every week because it's kinda special, but we always have it during big family dinners or holidays. Do you have any food in London that families eat together for celebrations?

AI 回答

In London, we love Sunday Roast – roast chicken or beef with veggies, potatoes, and gravy. My family eats it every weekend! For Christmas, we always have mince pies (sweet fruity pies) – they're super tasty. Do you have special weekend foods in Beijing?

我问

> That sounds cozy! In Beijing, weekends are perfect for enjoying street snacks or family meals. For example, Lü Dagun, sweet sticky rice rolls filled with red bean paste and coated with soybean powder, are a popular choice. We often enjoy them while hanging out with friends.

AI 回答

> Oh, Lü Dagun sounds so tasty! I love how it's made with sticky rice and red bean paste — it must be really sweet and soft. In London, we have something similar called rice pudding, but it's more creamy and served with jam or cinnamon. Do you eat Lü Dagun as a dessert or just as a snack?
> ……

与此类似，还可以向AI做如下提问。

1.请设定关于"校园社团活动"的对话场景，你扮演纽约的中学生，我扮演上海的中学生，用英语进行日常交流对话。

2.围绕"周末出行方式"主题，你模拟悉尼青少年的说话方式与我进行英语对话练习，重点练习现在完成时的使用。

3.以"考试复习方法"为话题，你作为温哥华初中生用英语提问，我用学过的英语进行回答交流。

阅读与写作

提供符合水平的阅读材料

在英语学习过程中，选择与学习者认知水平相匹配的阅读材料至关重要。优质的语料应兼具趣味性与教育性，既能激发学习兴趣，又要适当涵盖目标语法结构。针对初中阶段的英语学习者，通过融入学生日常熟悉的主题元素，搭建生动的语境，有助于实现语言知识的自然习得。同时，配合双语对照的呈现方式，可以有效降低阅读难度，促进理解记忆。

下面是笔者在腾讯元宝里使用的提示词及得到的结果。

我的提问

> 我是一名初中三年级的学生，喜欢音乐，请为我提供一个关于音乐的英文故事。难度需与初中英语教材同步，语法结构应适当包含复合句，如定语从句、宾语从句等。文章长度在300个词左右，在文章后面要给出逐句的翻译。

AI 回答

Here is a 312-word music-themed story with requested grammar structures. Translations follow each paragraph.

The Piano in the Attic

One rainy afternoon, while exploring her grandmother's attic, 14-year-old Mia discovered an old piano that was covered in dust. Her grandmother, who had noticed Mia's curiosity about music, explained that the piano hadn't been played since Mia's late grandfather passed away. "He believed music could heal hearts," Grandma said softly, wiping the piano lid.

（翻译：一个下雨的午后，14岁的米娅在探索祖母的阁楼时，发现了一架积满灰尘的旧钢琴。注意到米娅对音乐好奇的祖母解释道，这架钢琴自米娅已故的祖父，祖父去世后就没人弹奏过。"他相信音乐可以治愈心灵。"祖母轻轻擦拭着琴盖说道。）

Mia wondered if she could make the piano sing again. Though she had only learned basic chords in school, she decided to try. As her fingers touched the yellowed keys, she realized that the piano had a unique, warm tone. Day after day, Mia practiced simple melodies, noticing that birds outside the window would stop to listen.

（翻译：米娅想知道自己能否让钢琴重新歌唱。尽管她在学校只学过基本的和弦，她还是决定尝试。当手指触碰到发黄的琴键时，她发现这架钢琴有种独特的温暖音色。日复一日地练习简单旋律时，米娅注意到窗外的鸟儿总会驻足聆听。）

……

与此类似，还可以向AI做如下提问。

1.请为初中生创作包含一般过去时和现在完成时的科学实验英文短文，主题为"厨房里的化学反应"，附带生词注释。

2.我需要适合八年级的体育主题双语阅读材料，要求包含5个以上运动类动词短语，并设计3道阅读理解题。

3.生成关于环保的英语对话剧本，角色为两名中学生，要求使用条件状语从句和表示建议的句型，附中文翻译。

提供写作思路

在中学生的英语学习旅程中，写作文常常是一项令人头疼的任务。许多学生在面对作文题目时，常常感到无从下手，脑海中一片空白，不知道该如何组织语言和构建文章结构。这种缺乏写作思路的情况不仅影响了他们的写作成绩，更是打击了他们对英语写作的信心和兴趣。然而，借助人工智能技术，AI工具能够成为中学生写作的得力助手，提供丰富的写作思路和创意启发，使学生克服写作障碍。

下面是笔者在腾讯元宝里使用的提示词及得到的结果。

我的提问

我是一名初一的学生，我要写一篇英语作文，采用三段式结构介绍我最喜欢的动物，请为我提供写作思路，并提醒我写作中需要注意的问题。

AI 回答

写作思路

第一段：引入话题

开篇点题

用简洁的句型直接点明主题，例如：

"My favourite animal is.../I like...best because..."

基本信息介绍

简要说明动物的名称、物种、家乡等基础信息。例如：

"Pandas are from China and they are China's national treasure."

第二段：主体描述

外貌特征

用形容词描述体型、颜色、五官等，例如：

"They have black and white fur, round eyes, and a chubby body."

……

与此类似，还可以向AI做如下提问。

1.我需写一篇关于春节的英语作文，采用三段式结构（介绍节日、庆祝活动、个人感受），请提供内容框架。

2.我是一名初二的学生，需要写一篇关于中秋节的英语作文，采用"引言—活动描述—感受"三段式结构。请提供3个开头句模板、节日特色活动的常用动词短语。

3.我需要写一篇关于志愿者活动的英语作文，请帮我提供写作思路。

阅读技巧总结

在英语学习过程中，掌握有效的阅读技巧是提升语言能力的关键。对中小学生而言，通过上下文线索推测生词含义的能力尤为重要，这不仅能够增强阅读流畅度，更有助于培养学生自主学习的思维习惯。借助AI技术对海量语言素材的分析处理，可以系统地归纳出符合不同学龄段认知规律的猜词方法，并通过生动的示例辅助教学，将抽象的语言规律转化为可操作的学习策略。

下面是笔者在腾讯元宝里使用的提示词及得到的结果。

我的提问

请总结一些适用于中小学生英语阅读的猜词技巧，并给出示例。

AI 回答

> 以下是适用于中小学生英语阅读的猜词技巧总结,可以结合简单例子帮助学生理解。
>
> 一、利用上下文线索
>
> 1.定义或解释法
>
> 句子中常通过逗号、破折号或"is/are called"等结构直接解释生词。
>
> 例:A kaleidoscope (a tube with mirrors and colored paper) creates beautiful patterns.
>
> →通过括号内的解释,可知"kaleidoscope"是"万花筒"的意思。
>
> 2.举例法
>
> 生词后可能跟随具体的例子。
>
> 例:She loves stationery, like pens, notebooks, and erasers.
>
> →通过"pens, notebooks"等例子,推测"stationery"是"文具"的意思。
>
> 3.对比或转折法
>
> 通过"but, however, unlike"等词对比生词与已知词的关系。
>
> 例:The room was tidy, not messy.
>
> →"not messy"说明"tidy"是"整洁的"。
>
> 4.因果关系法
>
> 生词可能是某件事的原因或结果。
>
> 例:He was exhausted, so he fell asleep quickly.
>
> →结果"fell asleep"说明"exhausted"是"筋疲力尽的"。
>
> ……

与此类似,还可以向AI做如下提问。

1.在英语阅读中,有哪些最基础且通用的阅读技巧可以帮助我们快速理解文章的大致内容呢?

2.在阅读过程中遇到生词时,有哪些有效的技巧可以帮助我们推测词义?

3.当阅读篇幅较长、内容较复杂的文章时,如何快速标记重点、记录关键信息以及分析文章逻辑结构?

通过造句练习写作

造句练习是提升语言表达能力的有效途径,通过灵活运用所学词汇构建合乎语法的句子,学生能够逐步掌握词语的准确用法及句式结构。借助人工智能辅助批改,学生可以获得即时反馈,了解语句中的语法错误和表达缺陷,从而有针对性地改进语言组织能力。

下面是笔者在腾讯元宝里使用的提示词及得到的结果。

我的提问

我是一名初中生,要练习造句,你随机给我10个中学生应该掌握的单词,我会从中选择几个,或者全部使用,写出一句或几句英文,你要针对我写的语句进行批改。

AI 回答

以下是从初中英语高频词汇中随机挑选的10个单词,涵盖动词、名词、形容词等词性,适合造句练习。

```
1. achieve /əˈtʃiːv/ (v.) 完成,实现
2. allow /əˈlaʊ/ (v.) 允许
3. generation /ˌdʒenəˈreɪʃən/ (n.) 一代人
4. advantage /ədˈvɑːntɪdʒ/ (n.) 优势
5. various /ˈveəriəs/ (adj.) 多样的
6. patient /ˈpeɪʃənt/ (adj.) 耐心的;(n.) 病人
7. active /ˈæktɪv/ (adj.) 活跃的
8. discover /dɪˈskʌvə/ (v.) 发现
9. exactly /ɪɡˈzæktli/ (adv.) 精确地
10. responsibility /rɪˌspɒnsəˈbɪləti/ (n.) 责任

你可以选择其中3-5个单词造1-2句英文(例如组合为复合句或并列句),我会从以下角度批改:
☑ 语法准确性(时态、主谓一致等)
☑ 词汇搭配(如动词+介词组合)
☑ 逻辑连贯性(连接词使用)
☑ 语境合理性(是否符合单词常见用法)
```

......

与此类似,还可以向AI做如下提问。

1.我需要练习"环保主题"的词汇运用,请提供8个相关动词短语(如reduce waste)。我将用至少3个词汇写倡议书,请评估用词是否贴合语境,并建议更生动的表达。

2.请列出6个含不规则变化的动词原形(如break-broke)。我将用其中3个词汇分别造现在完成时和一般过去时的对比句,请重点检查时态结构和过去分词形式。

3.生成12个描述情绪的形容词(如excited)。我将选4个词汇创作包含虚拟语气的故事片段,请分析词汇情感色彩是否匹配语境,并建议更贴切的替换词。

无痛快速批改作文

在日常英语写作训练中,及时发现并修正语言错误是提升表达能力的重要环节。通过人工智能技术对习作进行批改,既能避免传统纸质批改的效率局限,又能借助智能化分析精准定位语法、用词及句式问题。这种批改方式既保留了教师人工批阅的细致性特征,又融合了计算机处理的即时性优势。

下面是笔者在腾讯元宝里使用的提示词及得到的结果。

我的提问

"Last weekend, I was very exited because my friend and I decided go to the park. We waked up early in the morning and had a quickly breakfast. After that, we took the bus to the park. In the park, we saw lot of people playing football, some children flying kites and other families having picnic. We also bought some ice creams and sit on a bench to eat them. Suddenly, it start raining heavily, so we had to run to the nearest shelter. We waited there for about half a hour before the rain stopped. When we got home, we were all wet and tired but we had a lot of funs."

请帮我批改以上我写的英语作文内容,并给出错误分析及修改说明。

AI 回答

以下是您英语作文的批改及错误分析,结合常见写作问题提出了修改建议。

一、错误分析及修改说明

1. 时态错误

原文:"I was very exited" → "exited" 拼写错误且时态不连贯(应用一般过去时)

修改:"I was very excited"

原文:"it start raining" → 时态错误(突然开始下雨是过去动作)

修改:"it started raining"

2. 动词形式错误

原文:"decided go to the park" → 缺少不定式符号

修改:"decided to go to the park"

原文:"We waked up" → 过去式形式错误

修改:"We woke up"

原文:"sit on a bench" → 过去式错误

修改:"sat on a bench"

3. 冠词/限定词缺失

原文:"had a quickly breakfast" → 副词误用为形容词

修改:"had a quick breakfast"

……

与此类似,还可以向AI做如下提问。

1. 请指出以下英语作文中的时态错误,并给出修改建议。
2. 分析这篇英语记叙文的逻辑结构,提出3个优化建议。
3. 将以下习作中的中式英语表达替换为地道的英文表达。

听力训练

解答对听力内容的疑问

在英语听力理解过程中,发音的连读、弱读等语音现象常常成为理解障碍。准确掌握这些发音规律不仅能提升辨音能力,更有助于建立完整的语音认知体系。通过分析具体案例中的连读原理,结合典型示例的系统训练,可以显著改善对自然语流的捕捉效率。

下面是笔者在腾讯元宝里使用的提示词及得到的结果。

我的提问

> 请分析并解释为什么在听力材料中,"I think"这个短语中的 I 和 think 发音连在一起了。同时,请给出一些类似的连读示例,并分享一些听力小技巧来更好地理解和记忆这些短语。

AI 回答

> 在英语听力材料中,"I think"这个短语中的 I 和 think 发音连读的现象主要与英语口语中的辅音 + 元音连读规则和语速加快时的自然语音简化有关。以下是具体分析及类似示例。
>
> **一、连读原因分析**
>
> 1. **辅音与元音的过渡**
>   虽然"I"的发音是元音结尾(/aɪ/),而"think"以清辅音/θ/开头,但在实际口语中,当说话速度较快时,元音与辅音之间的过渡会被平滑处理,形成连贯的发音。例如,/aɪθɪŋk/中,/aɪ/的尾音与/θ/的舌位接近(舌尖轻触上齿背),导致两者自然衔接 ① ③ 。
>
> 2. **口语中的弱化与省略**
>   在连读时,功能词(如代词"I")常被弱化。例如,"I think"可能被压缩为近似"I-think"的单音节,尤其在快速对话中 ③ ④ 。
>
> 3. **连读规则的应用**
>   根据英语连读规则,当前一个单词以辅音结尾、后一个单词以元音开头时,辅音与元音会拼读(如"Can I"读作/kŋaɪ/)。虽然"I"本身以元音结尾,但类似逻辑的语音简化习惯可能影响发音连贯性 ② ④ 。
>
> **二、类似连读示例**
>
> 以下是一些常见的英语连读现象,与"I think"的连读原理类似:
>
> 1. **辅音+元音连读**
>   - Can I → Ca(n)I: /kæn aɪ/ → /kænaɪ/ ② ④
>   - How's it → How(z)it: /haʊz ɪt/ → /haʊzɪt/ ④
>   - And I → An(d)I: /ænd aɪ/ → /ændaɪ/ ④
>
> 2. **元音+元音连读**
>   - He is → He(y)iz: 中间插入/y/音,形成/hejɪz/ ④ ⑥
>   - Go out → Go(w)out: 中间插入/w/音,形成/goʊwaʊt/ ⑥
>
> 3. **辅音省略或同化**
>   - Old man → Ol' man: /d/在两个辅音间被省略 ④ ⑤
>   - Want to → Wanna: /wɑnt tə/ → /wɑnə/

......

与此类似，还可以向AI做如下提问。

1.请说明英语中"going to"在日常对话中如何弱读为"gonna"，列举3个同类弱读现象，并给出辨别这类缩略发音的练习方法。

2.分析听力材料中"want to"变成"wanna"的语音变化原理，解释辅音省略规律，并推荐3个有效记忆这类连读规则的技巧。

3.为什么"did you"在快速口语中会发成"didja"？请用语音学原理说明其变化过程，并整理五组类似结构的连读短语供听力训练使用。

听力技巧总结

在英语学习过程中，听力能力的提升是掌握语言应用的重要基础。对中小学生而言，科学系统的听力训练方法能够帮助其克服理解障碍，增强信息捕捉与分析能力。通过预测听力内容、抓住关键词、做笔记等具体方法，学生可逐步构建高效的听力策略，适应不同语境下的语言输入需求。这些技巧既符合基础教育阶段的学习特点，又能通过实践显著提升听力水平。

下面是笔者在腾讯元宝里使用的提示词及得到的结果。

我的提问

请总结一些适合中小学生在英语听力训练中使用的技巧和方法，内容包括预测听力内容、抓住关键词、做笔记等具体的技巧和方法，这些方法应适用于中小学生的英语听力训练，并能有效地提高听力水平。

AI 回答

以下是适合中小学生在英语听力训练中使用的技巧和方法总结，结合了趣味性、实用性和可操作性，帮助学生在不同场景中提高听力水平。

一、预测听力内容

1.利用题目和选项

在听力开始前快速浏览问题或选项，圈出疑问词（what/when/where 等）和关键词（如动词、名词）。

例如：题目问"What will Tom do tomorrow?"提前联想可能出现的活动词汇（study, play football, visit 等）。

2.场景联想

根据听力材料的主题（如购物、学校、家庭）预测可能出现的词汇。

例如：听到"supermarket"可联想"price, buy, vegetables, money"等词汇。

二、抓住关键词

1.锁定核心信息

重点听时间、地点、人物、数字（日期、价格）、转折词（but, however）和结论词（so,

```
finally）。
    练习：在听短对话时，用笔快速圈出"who did what"。
    2.信号词捕捉法
    注意逻辑连接词：
    因果（because, so）、顺序（first, then）、对比（but, instead）等。
    例如："I wanted to go swimming, but it rained."→结果是否定游泳。
    ……
```

与此类似，还可以向AI做如下提问。

1.在听英语材料时，如何有效地捕捉关键信息呢？请结合具体的听力场景举例说明。

2.在英语新闻听力中，如何快速抓住新闻的核心内容和关键信息呢？请举例说明。

3.当遇到听力内容中有不熟悉的词汇或短语时，有哪些应对策略可以避免影响对整体内容的理解呢？

提供听力材料

在英语学习过程中，听力素材的选择和运用对中学生听力能力的培养至关重要。优质的听力材料不仅能帮助学生熟悉真实语境中的语音、语调和语速，还能通过多样化题材（如新闻、对话、故事等）同步提升词汇积累和阅读理解能力，使学生在捕捉关键信息的同时拓宽知识视野。

而豆包可以根据用户的需求生成听力素材文本，还可将静态文本转化为动态语音，让学生在反复聆听中逐步突破听力瓶颈，实现从"听懂碎片信息"到"理解完整语篇"的能力跃迁。

下面是笔者在豆包里使用的提示词及得到的结果。

我的提问

```
    我是一名高中二年级的学生，对科技发展比较关注。请为我提供一篇关于最新科技产品发布会的英文听力材料，涵盖一些热门科技产品的功能和优势介绍。难度要符合高中英语学习水平，可以适当出现一些复杂的句式结构，如定语从句、状语从句等，但要保证整体易懂。文章长度在300～400词，并且在文本后面给出重点词汇的解释和中文翻译。
```

AI回答

```
    Latest Tech Product Launch Highlights
    In a recent highly anticipated tech event, two major companies unveiled their latest flagship devices, combining innovation with user-friendly features. Let's explore the key highlights from the launch.
```

Huawei Mate 60 Pro

The Huawei Mate 60 Pro, designed for tech enthusiasts and professionals, features a 6.82-inch OLED display with 120Hz refresh rate, ensuring smooth scrolling and vibrant visuals. Its Kirin 9000S chip supports 5G connectivity, allowing users to download files and stream content at lightning speed. The triple-camera system includes a 50MP main lens, a 12MP ultra-wide lens, and a 48MP telephoto lens, enabling detailed photos even in low-light conditions. With 66W fast charging and a 4750mAh battery, it offers all-day usage without frequent recharging.

Apple iPhone 15

Apple's iPhone 15 impressed with its A16 Bionic chip, which delivers faster performance and better energy efficiency. The 6.1-inch Super Retina XDR display uses ProMotion technology to adjust refresh rates dynamically, saving battery life. Its 48MP main camera with Night Mode captures stunning photos, while the USB-C port ensures compatibility with a wider range of accessories. The 15W MagSafe wireless charging adds convenience for users on the go.……

……

单击生成文本左下方的 🔊 图标，能够对生成的材料进行阅读，进一步练习听力能力，如下图所示。

AI 回答

Life's Beautiful Journey

Life is like a journey filled with both treasures and challenges. It carries within it the warmth of joy and the depth of sorrow, the thrill of success and the lessons of failure. Just as a seed grows through seasons, we too evolve through experiences, each step shaping who we become.

In this journey, we often face moments of uncertainty. Like a traveler navigating uncharted paths, we may feel lost or overwhelmed. Yet these moments are not signs of weakness but opportunities to discover our inner strength. Every obstacle we overcome teaches us resilience, and every mistake becomes a stepping stone toward wisdom.

The beauty of life lies in its contrasts. A sunny day is cherished because we know the rain will come, and a calm sea is appreciated after storms. Similarly, our achievements shine brighter when we look back on the struggles we endured. As the saying goes, "The strongest trees grow in the harshest winds," and so do we.

What truly matters is not the destination but the attitude we carry. Whether we are climbing mountains of ambition or walking through valleys of despair, it is our mindset that determines our experience. With courage, we transform fear into fuel; with gratitude, we turn ordinary days into extraordinary memories.

So, let us embrace life as it is—a blend of light and shadow, noise and silence. Each breath is a gift, each encounter a story waiting to be told. By living with passion and purpose, we paint our journey with colors that outlast time itself.

与此类似，还可以向AI做如下提问。

1.我是一名初中生，正在努力提升英语听力水平。请为我提供一篇初中英语难度的听力材料，内容围绕校园生活展开。

2.我是一名初中生，需要练习日常对话的听力理解。请提供一篇关于季节变化与户外活动的听力材料，内容包含天气描述和常见活动。使用一般现在时和简单过去时，文章长度在150～200个词，结尾列出重点词汇及中文翻译。

3.请提供一篇关于节日庆祝的听力材料，如春节或端午节，涵盖传统活动和情感表达。需使用简单句和并列句，避免复杂的语法，文后附节日相关词汇的中英对照。

口语提升

模拟真实的对话场景

尽管学生在学习英语的过程中有着强烈的口语实践需求，但是往往会遭遇一个共性难题：缺乏合适的英语口语练习伙伴。AI的出现为缺乏英语口语练习伙伴的学习者开辟了一条全新的道路。通过模拟真实对话、提供个性化教学、打破时空限制，成功解决了"无学习伙伴"困境，让每一位渴望提升英语口语能力的学生都能在便捷、高效、个性化的环境中，持续精进，畅享说英语的乐趣与成就感。

接下来通过文小言来模拟真实的对话场景。具体操作步骤如下。

1.打开文小言App，在"助手"界面上方选择"DeepSeek-R1满血版"大模型，如下左图所示。

2.点击下方的"发现"按钮，进入"发现"界面后，点击上方的"智能体"按钮，进入下右图所示的界面。

3.选择"英语聊天搭子James"智能体，进入聊天界面，如下左图所示。

4.点击下方文本框左侧的 图标，进入语音通话界面，此时可以展开场景对话模式，笔者模拟了关于环境的情景对话，如下右图所示。

纠正发音和语法问题

许多学生在读写方面表现出色，但在口语表达上却存在困难。这种失衡的学习方式会在未来的大学学习中留下隐患。使用AI口语工具进行口语练习可以在实时互动练习中提高自己的表达能力。短期之内效果可能不太显著，但却可以潜移默化地提高自己的英语语感、增强自己的表达能力。无论是未来想要学习英语相关专业还是提高自己的考试成绩都有很大帮助。

接下来通过Hi Echo App来互动式学习英语，具体操作步骤如下。

1.在手机应用商城中下载Hi Echo App，注册登录后，填写"对话阶段"和"选择对话等级和目标"，以便AI根据个人当前的学习阶段和英语水平，进行更好的交流。如下组图所示。

注意：一定要根据自身实际情况进行选择，以便与AI更好地对话。

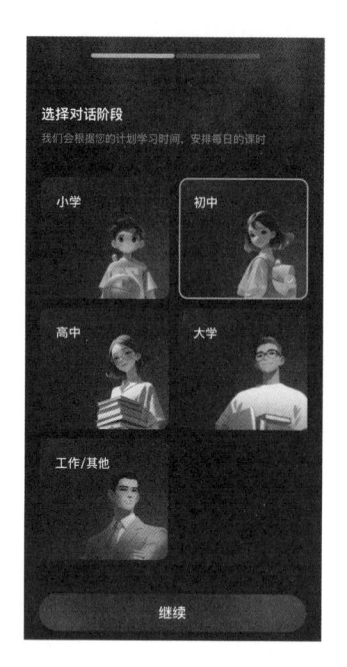

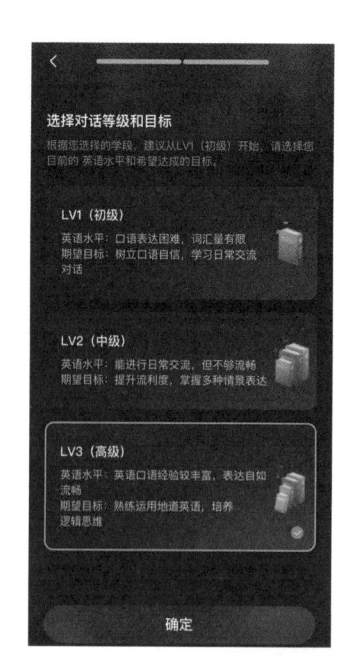

2.接下来，选择虚拟人口语教练。目前，此软件中有Echo、Daniel、Sherry、Hannah共4个口语教练，用户可根据个人喜好进行选择。选择完教练后点击Chat with Echo按钮，即可开始对话。这里选择了Echo教练进行对话，如下左图所示。

3.进入通话界面后，勾选右上方的DeepSeek图标，勾选后该图标出现对号标志，此时代表打开了DeepSeek对话模型，如下右图所示。长按下方的"按住说话"按钮，即可进行对话发言。

4.点击右侧的电话图标即可结束对话。对话结束后会生成对话报告，报告包括发音评分和语法评分，其中有AI润色、AI建议、AI发音纠错等方面的反馈。用户可以根据报告查缺补漏，以便更好地学习和进步。本例对话报告如下左图所示。

5.除此之外，Hi Echo内有许多场景可供选择，用户也可以自定义场景，"场景对话"界面如下右图所示。

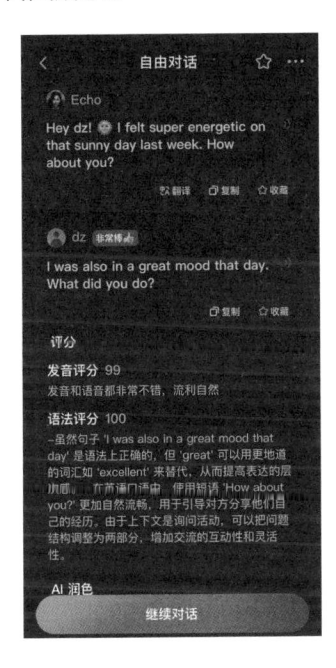

第 6 章　用 AI 探索科学

知识讲解

怎样在生活中理解物理知识

物理知识的本质源于对自然现象的观察与总结,其理论体系与日常生活中的现象存在着紧密的内在关联。通过建立物理概念与生活经验之间的认知联结,不仅能深化对抽象理论的理解,更能培养科学思维习惯。以自行车运动为观察对象,骑行过程中的力学作用、零部件运转原理,为学生理解作用力与反作用力、摩擦损耗、气压传导、杠杆原理等物理概念提供了直观的认知载体。这种将生活场景转化为知识模型的思考方式,有助于构建完整的物理认知体系。

下面是笔者在腾讯元宝里使用的提示词及得到的结果。

我的提问

怎样通过骑自行车这个行为,通俗地理解物理中的力、摩擦、气压、杠杆等知识点?

AI 回答

通过骑自行车的过程,可以非常直观地理解物理中的力、摩擦、气压和杠杆原理。以下是通俗的解释。

一、力的传递与平衡

1. 力的传递

骑行时,脚踏板通过链条将力传递到后轮齿轮,后轮与地面的摩擦力成为自行车前进的动力。这体现了力的转化:肌肉化学能→机械能→动能。

类比:像踩水车一样,链条是力的"搬运工",后轮是"推土机",地面是"支撑点"。

2. 力的平衡

匀速骑行时,后轮向前的摩擦力与前轮向后的阻力平衡;刹车时,前后轮摩擦力共同作用抵消惯性。

现象:急刹车时身体前倾,是惯性未被平衡的表现。

二、摩擦的双面性

1. 增大摩擦力的设计

轮胎花纹、刹车块:通过增加接触面粗糙度加大摩擦力,防止打滑。

实验验证:在光滑的路面上骑行容易失控,说明摩擦力的必要性。

2. 减小摩擦的设计

车轴滚珠和润滑油:变滑动为滚动摩擦,减少阻力。

反例:生锈的车轴转动困难,说明了摩擦对机械效率的影响。

……

与此类似，还可以向AI做如下提问。

1.汽车在雨天行驶时，司机需要打开雨刮器。从物理知识的角度来看，这涉及哪些原理呢？

2.筷子插入水中时，看起来好像在水面处"折断"了。请解释一下这种现象背后的物理原理。

3.夏天，从冰箱里拿出一瓶冷饮，过一会儿瓶身外会出现许多小水珠。这一现象涉及哪些物理知识？

如何通过预习三问学习物理新知识

预习作为学习过程的重要环节，能够有效地帮助学生建立知识框架并提升课堂效率。预习三问法通过学什么、为什么学、怎么学3个关键问题，引导学习者系统地梳理新知识点的基本概念、实际意义与学习方法。这种方法不仅能明确学习目标，还能培养学生自主学习的能力。

下面是笔者在腾讯元宝里使用的提示词及得到的结果。

我的提问

> 我明天将要学习压强公式，请使用预习三问法做一份笔记。

AI 回答

预习三问法笔记：压强公式

第一问：压强公式是什么？

1. 固体压强公式
   - 公式：$p = \dfrac{F}{S}$
     - p：压强（单位：帕斯卡，Pa）
     - F：垂直作用在物体表面的压力（单位：牛，N）
     - S：受力面积（单位：平方米，m²）
     - 适用场景：适用于所有固体、液体和气体的压强计算 ① ② ⑨。
   - 关键点：
     - 压力 F 不一定是物体的重力，只有当物体静止在水平面上且无其他外力时，$F = G$（重力）① ⑨。
     - 受力面积 S 是物体实际接触的面积，而非物体的表面积 ⑨ ⑩。

2. 液体压强公式
   - 公式：$p = \rho g h$
     - ρ：液体密度（单位：kg/m³）
     - g：重力加速度（约9.8 N/kg或10 N/kg）
     - h：液面下的深度（单位：米，m）
     - 适用场景：仅适用于静止液体 ① ⑤ ⑨。
   - 关键点：
     - 液体压强与液体的质量、体积、容器形状无关，仅由密度和深度决定 ① ⑤ ⑥。
     - 深度 h 是从液面到被测点的竖直距离，而非容器高度 ⑤ ⑨。

> **第二问：为什么要学习压强公式？**
>
> 1. 物理意义
>   - 压强是表示压力作用效果的物理量。例如：
>   - 成年人站立时对地面的压强约 1.5×10^4 Pa ❶。
>   - 液体压强随深度增加而增大（如水坝设计需考虑底部更厚的结构）❻ ❾。
> 2. 应用场景
>   - **增大压强**：减小受力面积（如菜刀刃薄）或增大压力（如用力切菜）❷ ❽。
>   - **减小压强**：增大受力面积（如铁轨铺枕木）或减小压力（如车辆限载）❷ ❹ ❽。
>   - **液体相关应用**：连通器（茶壶、船闸）、液压机、血压计等 ❶ ❻ ❾。
>
> ……

与此类似，还可以向AI做如下提问。

1.明天学习浮力，请用预习三问法梳理：如何推导浮力公式？与液体压强和重力有何关联？哪些生活现象能用浮力原理解释？

2.请用预习三问法拆解欧姆定律。

3.针对比热容概念，请用预习三问法解析：①如何推导比热容的国际单位？②比较砂石和水的温度变化差异说明比热容的应用。③为何沿海地区昼夜温差小于内陆？

如何将生物知识点融入初中生日常

将抽象的生物知识与日常生活场景相结合，是提升初中生学科理解能力的有效途径。通过观察和分析日常生活中的生物学现象，学生能够建立直观的认知，理解细胞结构、生态系统、遗传规律等核心概念。例如，通过早餐中的谷物解析植物光合作用原理，借校服材质讨论动物纤维与合成纤维的区别，用午餐搭配理解人体营养需求，甚至通过观察校园绿植认识生态系统的能量流动。

下面是通过具体生活场景构建知识联结的实践案例，展示如何将课本知识转化为可感知的生活经验。

我的提问

> 以一个初中生上学的一天为例，将初中要掌握的生物知识，融入衣食住行等各个方面，以便更好地理解这些知识点。

AI 回答

> 初中生的一天：将生物知识融入衣食住行全解析
> （以 2025 年 2 月 26 日为例，结合初中生物核心知识点）
> 1.清晨起床：体温调节与生物钟
> 场景：小华被闹钟叫醒，拉开窗帘感受阳光。
> 生物知识点：

> 体温调节：人体通过皮肤散热（如出汗）和产热（如肌肉颤抖）维持体温恒定。
> 生物钟：昼夜节律由下丘脑调控，光照通过视网膜影响褪黑素分泌，帮助调节睡眠周期。
> 生活联系：阳光照射促进维生素D的合成，帮助钙吸收（骨骼健康）；合理作息可优化生物钟功能。
> 2.早餐时间：消化系统与微生物发酵
> 场景：小华吃妈妈蒸的馒头和酸奶。
> 生物知识点：
> 发酵原理：
> 馒头：酵母菌分解葡萄糖产生二氧化碳（面团膨胀）。
> 酸奶：乳酸菌将乳糖转化为乳酸（抑制有害菌繁殖）。
> 消化过程：唾液淀粉酶（口腔）分解淀粉→胃蛋白酶（胃）分解蛋白质→胰液和肠液（小肠）彻底分解营养。
> 生活联系：发酵食品富含益生菌，促进肠道健康；细嚼慢咽可提高消化效率。
> ……

与此类似，还可以向AI做如下提问。

1.假设你是营养师，请用早餐中的牛奶面包举例，结合初中生物知识解释消化酶如何分解淀粉和蛋白质。

2.用跑步时呼吸频率变化的现象，解释人体能量供应与线粒体的关系，要求结合呼吸作用公式。

3.用生活中见到的行道树叶片举例，结合"植物结构"相关知识设计3个互动问题。

通过物理知识更深入地理解民间谚语

民间谚语作为劳动人民长期实践的经验总结，往往蕴含着朴素的科学原理。通过物理知识解析这些生活化的语言表述，不仅能加深对基础概念的理解，更能培养运用科学视角观察日常现象的能力。例如，"小小秤砣压千斤"生动地展现了杠杆原理，"麻绳提豆腐"则巧妙地揭示了材料强度与受力面积的关系。这种跨学科的知识迁移，有助于建立理论联系实际的学习思维。

下面是笔者在腾讯元宝里使用的提示词及得到的结果。

我的提问

> 如何通过物理知识解释民间的谚语"小小秤砣压千斤""麻绳提豆腐——提不起来"？

AI回答

> 一、"小小秤砣压千斤"的物理原理
> 这一谚语体现了杠杆平衡原理。

1. 杠杆结构与平衡条件

杆秤由支点（提绳）、阻力点（秤钩）和动力点（秤砣挂点）构成。根据杠杆平衡公式"动力 × 动力臂 = 阻力 × 阻力臂"，若动力臂远大于阻力臂，则较小的动力（秤砣重量）可平衡较大的阻力（重物重量）。例如，若动力臂是阻力臂的100倍，则1斤秤砣可平衡100斤的物体。

2. 实际应用中的省力效果

杆秤的秤砣通过调节位置改变动力臂长度。当秤砣远离支点时，动力臂增长，所需秤砣重量更小即可平衡重物，实现"一两拨千斤"。阿基米德提出的"撬动地球"假想也基于此原理，强调动力臂足够长时微小力即可产生巨大作用。

二、"麻绳提豆腐——提不起来"的物理原理

这一现象涉及压强与材料强度的关系。

1. 压强公式的体现

根据公式"压强 = 压力 ÷ 受力面积"，麻绳与豆腐接触面积小，局部压强极大。例如，若豆腐承受的最大压强为1000Pa，麻绳的细窄接触面积会导致压强远超其承受极限，导致豆腐被切割断裂。

……

与此类似，还可以向AI做如下提问。

1. 设计一个实验解释"水缸出汗，不用挑担"，要求说明液化现象与空气湿度的关系。

2. 请帮我解释谚语"月晕而风，础润而雨"并分析其背后相关的物理知识。

3. 请用热学知识分析谚语"真金不怕火炼"。

深入理解化学反应

化学反应是化学学科的核心内容，深入理解化学反应，不仅有助于中学生掌握化学的基础知识，更能培养科学思维和解决实际问题的能力。通过对化学反应原理的探究，我们可以揭示物质变化的奥秘，预测反应的进程和结果，从而在化学学习的道路上迈出坚实的一步。

下面是笔者在腾讯元宝里使用的提示词及得到的结果。

我的提问

请你以铜与浓硫酸在加热条件下反应产生刺激性气体二氧化硫为例，从电子转移的角度详细剖析氧化还原反应的本质，包括氧化剂、还原剂的判定，以及电子的转移方向和数目。

AI 回答

> 铜与浓硫酸在加热条件下的反应是一个典型的氧化还原反应,其化学方程式为:
> $$Cu + 2H_2SO_4(浓) \xrightarrow{\Delta} CuSO_4 + SO_2\uparrow + 2H_2O$$
> 以下从电子转移的角度详细剖析该反应的氧化还原本质:
>
> ### 1. 氧化剂与还原剂的判定
>
> - **铜 (Cu)**:
>   反应中,铜的化合价从 **0价**(单质态)升高至+2价(Cu^{2+}),失去电子,因此铜是 **还原剂**,被氧化。
>   ① ② ④
>
> - **浓硫酸 (H_2SO_4)**:
>   硫酸中的硫元素部分从 **+6价**(SO_4^{2-})降低至+4价(SO_2)**,获得电子,因此浓硫酸是 **氧化剂**,被还原。
>   ① ③ ④
>
> ### 2. 电子转移的方向与数目
>
> - **铜的电子转移**:
>   每个铜原子失去 **2个电子**(从0价→+2价),总反应中若有1 mol Cu参与,则转移 **2 mol电子**。
>   ④ ⑥
>
> - **硫的电子转移**:
>   每个被还原的硫原子获得 **2个电子**(从+6价→+4价)。由于每生成1 mol SO_2,对应1 mol硫被还原,因此总反
>
> ......

与此类似,还可以向AI做如下提问。

1.以氢氧化钠与盐酸反应生成氯化钠和水为例,详细拆解反应过程中氢离子与氢氧根离子的结合机制。

2.针对可燃性气体与加热后的黑色固体反应生成红色金属的实例,描述气体分子和固体中金属元素的化合价变化,判断反应中提供电子的物质与接受电子的物质,讨论电子转移总数与产物生成量的关系。

3.请从电解水实验切入,通过阳极产生氧气、阴极产生氢气的现象,分析水分子分解时化学键断裂与形成的能量变化。

如何用"现象—原理—应用"思维学习

在知识体系的建构过程中,现象—原理—应用的三段式推导思维是科学认知的重要范式。这种思维方法强调从具体现象入手,通过观察归纳提炼核心原理,最终实现理论知识的实践转化。以阿基米德原理的学习为例,该思维模式能有效地帮助学生建立完整的认知链条。首先,从生活场景中的浮沉现象切入,继而深入理解浮力的本质,最终掌握工程实践中的具体应用。这种由表及里、知行合一的学习路径,既符合人类认知规律,又能培养科学思维素养。

下面是笔者在腾讯元宝里使用的提示词及得到的结果。

我的提问

如何用"现象—原理—应用"的推导思维,来学习阿基米德原理这个知识点。

AI 回答

用"现象—原理—应用"推导思维学习阿基米德原理的完整路径

一、现象:从生活实例中观察浮力的规律

1. 物体浮沉现象

船只漂浮在水面上,但铁块会沉入水底;游泳时身体会自然上浮,但携带重物会下沉。

典型现象:热气球升空、冰块漂浮在水面上、潜水艇通过注水或排水控制沉浮。

2. 排开液体的直观表现

将物体浸入装满水的容器中,溢出的水量等于物体排开液体的体积。例如,洗澡时水位上升的现象启发阿基米德发现浮力原理。

> 二、原理:揭示浮力的本质与公式推导
>
> 1. 核心原理
>
> 阿基米德原理指出:物体在流体中受到的浮力等于其排开流体的重量,公式为 $**F_{浮} = \rho_{流体} \cdot V_{排} \cdot g**$ ① ③ ④。
>
> - 公式解读:浮力大小由流体密度 (ρ)、排开体积 ($V_{排}$) 和重力加速度 (g) 共同决定。
>
> 2. 适用条件
>
> - 流体需静止且密度均匀;物体需部分或完全浸入流体中 ① ④。
> - 例外情况:若物体未完全接触流体(如桥墩底部固定),浮力计算可能偏离原理 ④。
>
> 3. 浮力来源的微观解释
>
> 流体对物体上下表面的压力差产生浮力。例如,浸入水中的物体底部受到的压力大于顶部,形成向上的合力
>
> ......

与此类似,还可以向AI做如下提问。

1.如何运用"现象—原理—应用"思维框架分析光的折射定律?

2.怎样通过"现象—原理—应用"模式理解牛顿第三定律的实际应用?

3.当公交车急刹车时乘客身体前倾,用"现象—原理—应用"结构分析惯性定律,并说明安全带和汽车防撞设计的科学依据。

掌握高效学习及解题方法

用康奈尔笔记法更高效地学习物理

在探索科学知识的道路上,掌握科学的学习方法是提升效率的关键。康奈尔笔记

法以其清晰的板块划分和系统的知识梳理功能，成为整合物理知识框架的有效途径。特别是在电磁学这类逻辑性强、知识点密集的章节，通过合理运用该方法的线索归纳与总结提炼功能，配合人工智能技术提供的个性化学习建议，能够有效突破理解难点，构建完整的知识体系。

下面是笔者在腾讯元宝里使用的提示词及得到的结果。

我的提问

我应该怎样用康奈尔笔记法学好初三物理中电磁相关的知识点。

AI 回答

以下是使用康奈尔笔记法高效掌握初三物理电磁知识点的具体方法，结合电磁学特点设计。

一、预习阶段——搭建知识框架

1. 分区设置

将笔记本页面分为3栏：右侧主栏（70%宽度）记录课堂内容，左侧提示栏（20%）写预习问题，底部总结栏（10%）用于课后归纳。

2. 预习重点

在提示栏提前写下核心问题（如：如何判断磁场方向？电磁感应产生电流的条件是什么？）。

浏览教材标注关键概念：磁感线分布规律、安培定则、电动机原理等。

绘制初步思维导图，标出知识关联（如电磁铁→电磁继电器→实际应用）。

二、课堂记录——精准捕捉要点

1. 主栏记录技巧

用符号区分内容类型：用△标记重点公式（如$F=BIL$），用☆标注实验现象（如奥斯特实验）用→表示推导过程。

记录对比表格（如电动机与发电机原理对比）

图解复杂原理：用简笔画表现磁感线分布/右手螺旋定则应用。

2. 实时互动标注

在知识点旁留批注区，记录课堂即时疑问（如：地磁场与条形磁体磁场有什么区别？）。

用不同的颜色标注：用黑色记录基础理论，用红色标注易错点（如磁感线是假想曲线）。

……

与此类似，还可以向AI做如下提问。

1. 如何将康奈尔笔记法应用于物理力学知识点错题整理？
2. 如何用康奈尔笔记法学习物理中的光学知识？

3.如何用康奈尔笔记法学习物理中的能量守恒定律?

利用浓缩记忆法快速记忆物理定律

在学习自然科学的过程中,掌握高效的记忆方法是提升学习效率的重要途径。浓缩记忆法通过提炼知识体系中的关键要素,将复杂的原理转化为简明扼要的关联词语或图像,有助于人们加深理解并强化长期记忆。例如光的反射定律通过"一点""三线""一面""二角"来概括,既涵盖了核心概念,又建立了清晰的逻辑框架。这种方法同样适用于其他基础物理定律的归纳与记忆。

下面是笔者在腾讯元宝里使用的提示词及得到的结果。

我的提问

> 光的反射定律可以浓缩成为"一点"(入射点)、"三线"(反射光线、入射光线、法线)、"一面"(反射光线、入射光线、法线在同一平面内)、"二角"(反射角、入射角)来加深记忆,按此规律总结阿基米德原理、欧姆定律、焦耳定律、能量守恒定律。

AI 回答

> 根据光的反射定律的归纳逻辑,以下是对4个重要物理定律的浓缩总结,便于记忆:
>
> **阿基米德原理**
>
> 关键词:一物、一力、一等、一适
> - **一物**:浸入流体(液体/气体)的物体 ❶ ❺ ❽。
> - **一力**:物体所受的浮力 ❶ ❽。
> - **一等**:浮力大小等于物体排开流体的重量($F_{浮} = \rho_{液} g V_{排}$) ❶ ❺ ❽。
> - **一适**:适用于液体和气体 ❺ ❽。
>
> **欧姆定律**
>
> 关键词:一导体、三量、一正反、一条件
> - **一导体**:线性导体(金属、电解液等) ❶ ❽ ❾。
> - **三量**:电流(I)、电压(U)、电阻(R) ❶ ❽ ❾。
> - **一正反**:电流与电压成正比,与电阻成反比($I = U/R$) ❶ ❺ ❽。
> - **一条件**:适用于纯电阻电路或温度恒定的导体 ❶ ❽ ❾。
>
> ……

与此类似,还可以向AI做如下提问。

1.如何用浓缩记忆法理解物理中的运动学公式?

2.如何用浓缩记忆法学习物理中的热力学定律?

3.如何用浓缩记忆法学习物理中的电磁感应现象?

批量学习 7 种解题方法

系统掌握多种解题方法是提升学科素养的重要途径,通过不同题型的反复实践可以加深学生对知识要点的理解。借助AI技术生成典型例题及详细的解题过程,能够直观地呈现各类方法的适用场景与操作步骤,为构建完整的解题思维框架提供有效的支撑。

下面是笔者在豆包里使用的提示词及得到的结果。

我的提问

通过不同的初中物理题目,为我展示如何在做题时使用下面的方法,要给出完整的题干、选项及答题过程。

1.特殊赋值法;2.特例反驳法;3.选项分组法;4.巧用推论法;5.筛选法;6.比较分析法;7.等效思维法。

AI 回答

以下是通过不同的初中物理题目来展示各种解题方法的应用。

特殊赋值法

- **题干**:一个物体做匀速直线运动,由速度公式 $v = s/t$ 可知,物体的( )

  A. 速度大小恒定不变 B. 速度与路程成正比
  C. 速度与时间成反比 D. 以上说法都对

- **赋值分析**:假设该物体以 $v = 5\text{m/s}$ 的速度做匀速直线运动,当 $t = 1\text{s}$ 时,$s = vt = 5 \times 1 = 5\text{m}$;当 $t = 2\text{s}$ 时,$s = 5 \times 2 = 10\text{m}$。可以发现,无论时间 t 怎么变化,速度 v 始终是 5m/s,即速度大小恒定不变,与路程和时间无关。所以答案为A。

特例反驳法

- **题干**:下列关于浮力的说法中,正确的是( )

  A. 物体在液体中下沉时不受浮力
  B. 只有浸在液体中的物体才受浮力
  C. 物体在液体中上浮时受到的浮力比下沉时大
  D. 物体在液体中受到的浮力大小与物体排开液体的体积有关

- **特例分析**:对于A选项,比如铁块在水中下沉,它明显受到浮力,所以A错误;对于B选项,浸在气体中的物体也受浮力,比如热气球,所以B错误;对于C选项,一个物体先下沉后上浮,下沉和上浮时排开液体体积相同,根据 $F_{浮} = \rho_{液} g V_{排}$,浮力是一样大的,所以C错误。故答案为D。

......

与此类似,还可以向AI做如下提问。

1.通过不同的初中物理题目,为我展示如何在做题时使用逆向思维法、图像分析法、公式变形法、实验模拟法、关键词定位法、过程分解法、假设检验法,要给出完整的题干、选项及解题过程。

2.基于初中物理内容,通过不同的题目展示特殊值法、极限思维法、图像分析法、整体隔离法、守恒定律法、比例法、对称法7种物理解题方法的运用,给出题干、解题过程。

3.探索初中物理,通过实例演示:图像分析法、极限假设法、单位换算法、公式变形法、排除干扰项法、类比推理法、整体隔离法,每种方法配以完整的题干、选项及解题过程。

用表格法学习化学元素

化学元素是化学学习的基础,在中学生学习的过程中,掌握化学元素的性质、用途及其相互关系至关重要。然而,面对众多元素及其复杂多变的特性,学生常常感到困惑和难以记忆。表格法作为一种高效的学习工具,能够将零散的元素知识系统化、条理化,以清晰直观的方式呈现出来,帮助学生更好地理解和掌握化学元素,为深入学习化学知识奠定坚实的基础。

下面是笔者在豆包里使用的提示词及得到的结果。

我的提问

请帮我总结化学元素周期表中同一主族元素的化学性质变化规律,并以表格的形式呈现。

AI 回答

根据搜索结果,同一主族元素的化学性质变化规律可总结如下表。需要说明的是,主族分为金属主族(如IA、IIA等)和非金属主族(如VA、VIA、VIIA等),其具体表现存在差异,但整体遵循以下递变规律。

同主族(从上到下)变化规律	典型示例(以第IA和VIIA族为例)
逐渐增大 ❶ ❷ ❸	Li → Cs;F → At 原子半径均增大
逐渐增强(金属主族)❶ ❷ ❸	Na(金属性弱)→ K → Rb → Cs(金属性强)
逐渐减弱(非金属主族)❶ ❷ ❸	F(非金属性强)→ Cl → Br → I → At(非金属性弱)
金属主族:碱性增强(如NaOH → CsOH)❶ ❺ 非金属主族:酸性减弱(如$HClO_4$ → HIO_4酸性下降)❶ ❹	碱金属氢氧化物碱性:LiOH < NaOH < KOH < CsOH
非金属主族:稳定性逐渐降低(如HF > HCl > HBr > HI)❶ ❹ ❺	HF(稳定)→ HI(易分解)
逐渐增强(如Na → Cs还原性增强)❷ ❸ ❹	Na与水反应平缓,K剧烈,Cs遇水爆炸
逐渐减弱(如F_2 → I_2氧化性减弱)❷ ❸ ❹	F_2能置换Cl_2,Cl_2能置换Br_2,Br_2能置换I_2
非金属主族:还原性增强(如F^- < Cl^- < Br^- < I^-)❷ ❸ ❹	I^-容易被氧化为I_2,而F^-极难被氧化

......

与此类似,还可以向AI做如下提问。

1.请根据初中化学元素周期表,生成一个包含元素名称、原子序数、相对原子质量、常见化合价、元素类别等信息的表格，帮助我系统学习化学元素的基本属性。

2.请根据初中化学元素周期表，生成一个表格，比较金属活动性排名在前5位的元素的性质，包括元素名称、原子序数、主要化学反应等，帮助我掌握金属活动性顺序及应用。

3.以表格的形式整理二氧化碳、一氧化碳、水的物理性质和化学性质差异，重点标注可燃性、助燃性、溶解性等与考点相关的数据。

用案例分析法学习生物知识

在学习中，学生经常会遇到一些复杂的概念，并感到抽象难懂。案例分析法通过将课本知识与真实情境相联系，可以有效地激发学生的学习兴趣，帮助学生在具体问题中理解抽象的理论。这种方法能锻炼观察、推理与问题解决能力，建立起生物知识与现实世界的深度联系。

下面是笔者在豆包里使用的提示词及得到的结果。

我的提问

请使用案例分析法对生态系统中食物链的能量传递进行解析。请确保案例分析包括以下几个方面。1.食物链的基本概念和组成要素。2.能量传递在食物链中的具体表现和机制。3.案例分析：选择一个或多个典型生态系统中的食物链作为研究对象，详细解析其能量传递过程。4.结论：总结案例分析的结果，并指出其中可能存在的问题和改进建议。

AI 回答

案例分析法解析生态系统中食物链的能量传递

一、食物链的基本概念与组成要素

基本概念

食物链是生态系统中生物因摄食关系形成的链式结构，由英国生态学家埃尔顿于1927年提出，揭示了生物间物质循环与能量流动的规律。其核心特征是能量逐级递减（每级仅传递约10%~20%）和单向流动。

组成要素

生产者：以绿色植物为主，通过光合作用固定太阳能（如湿地中的芦苇、浮游植物）。

消费者：初级消费者——草食性动物（如浮游动物、野兔）；次级/三级消费者——肉食性动物（如鱼类、鸟类）。

分解者：细菌、真菌等，将有机物分解为无机物（如湿地中的蚯蚓、蜣螂）。

能量传递介质：生物遗体、排泄物等，支持腐食链（如植物残体→蚯蚓→鸟类）。

二、能量传递的具体表现与机制

表现

> 单向性：能量仅从低营养级流向高营养级（如草→兔→狐→狼）。
> 递减性：能量传递效率约为10%～20%，如1000千卡的浮游植物能量仅能支持2%～4%的鱼类能量需求。
> ……

与此类似，还可以向AI做如下提问。
1. 请运用案例分析法深入解析初中生物中植物光合作用的相关知识。
2. 请运用案例分析法解析动植物细胞的结构差异及功能特性。
3. 请通过案例分析法解析孟德尔遗传定律。

为学习增加趣味

通过知识背后的故事学习

在学习科学知识的过程中，了解理论背后的探索历程与科学家轶事，往往能够激发学生的学习兴趣，深化对知识的理解。这些承载着人类智慧结晶的故事，既展现了科学研究中坚持不懈的探索精神，也揭示了知识体系形成的时代背景与思维方法。通过梳理化学发展史上关键节点的真实案例，学生不仅能掌握基础概念，更能建立对学科本质的立体认知。借助人工智能技术获取系统化的科学家故事集，可以有效地辅助知识脉络的梳理与核心要点的记忆。

下面是笔者在Kimi里使用的提示词及得到的结果。

我的提问

> 有没有一些关于初中化学所学习知识涉及的科学家的有趣故事，使我能通过这些故事更好地理解所学知识。

AI回答

> 以下是一些关于初中化学所学知识涉及的科学家的有趣故事，这些故事能帮助你更好地理解所学知识。
>
> 道尔顿与色盲症的发现
>
> 道尔顿在给母亲买袜子时，发现他和弟弟看到的袜子颜色与其他人不同，由此意识到自己患有色盲症。他没有放过这一偶然的发现，仔细分析了自己的体验，还对周围的人做了各种调查研究，并经过多方考查验证，写出了《论色觉》，这是人类第一次发现色盲病，道尔顿既是色盲病的第一个发现者，也是第一个被发现的色盲病人。道尔顿在研究色盲的过程中，培养了敏锐的观察力和严谨的科学态度，这种对科学现象的敏锐观察和深入研究的精神，也是学习化学所必需的。

> 凯库勒与苯环结构的发现
>
> 凯库勒在研究苯的化学结构时,碰到了难题——苯的空间结构。他在深入研究苯的性质和化学反应后,一天晚上在梦中看到了碳原子像蛇一样首尾相连,组成一个环状结构,由此顿悟到苯的结构可能是环状的。醒来后,他立即把这个想法付诸实践,经过进一步的实验验证,最终确定了苯的环状结构。这个故事体现了科学发现中的灵感和直觉的重要性,同时也说明了深入研究和不断探索是取得科学突破的关键。
>
> ……

与此类似,还可以向AI做如下提问。

1. 能否讲述物理课本中力学部分相关科学家的探索故事,帮助我理解定理诞生的背景?
2. 在生物学细胞学说建立的过程中有哪些关键人物和事件值得了解?
3. 数学领域勾股定理被发现的过程中,不同文明有哪些有趣的证明方式?

通过电影片段学习物理与化学

影视作品作为直观生动的教学载体,能够将抽象的理化知识转化为具象化的视觉呈现。通过分析动画电影中蕴含的科学原理,学习者可在趣味化的场景中加深对基础概念的理解,同时培养跨学科思维能力。这种寓教于乐的方式既能提升知识记忆效果,又能有效激发青少年探索自然规律的兴趣。

下面是笔者在腾讯元宝里使用的提示词及得到的结果。

我的提问

> 有哪些知名的动画电影包含了初中学习过的物理及化学知识,将影片的名字、片段以及对应的知识点列出来。

AI 回答

> 以下是几部知名动画电影中包含初中物理及化学知识的具体案例整理。
>
> 一、《哪吒之魔童闹海》系列
>
> 1. 火尖枪的压强原理
>
> 片段:哪吒使用尖头火尖枪刺击时,枪头的尖形设计通过减小受力面积来增大压强,提升攻击威力。
>
> 2. 风火轮的能量转换
>
> 片段:风火轮燃烧时,化学能转化为动能;喷火反推飞行则体现了力的作用是相互的牛顿第三定律。
>
> 3. 非牛顿流体的应用
>
> 片段:哪吒和敖丙的藕粉肉身属于非牛顿流体,具有遇力变硬、卸力恢复的特性,解释了角色如何抵抗外力冲击。

4.水的导电性差异

片段：申正道的闪电在水中导电，而敖丙的冰因晶格结构锁定离子成为绝缘体，涉及纯水与含杂质水的导电性的区别。

5.物态变化与能量转化

片段：哪吒与敖丙利用水火生成蒸汽冲破巨鼎，展示了液态水汽化膨胀的能量转换（热力学第一定律）。

……

与此类似，还可以向AI做如下提问。

1.请列举5部涉及物理知识的纪录片，说明其展现的核心知识点与初中教材的对应关系。

2.哪些经典科普读物通过故事化叙述讲解物理定理？请摘选3个典型案例并分析其教学逻辑。

3.工业革命时期的重大发明如何体现物理化学原理？选取3个历史事件进行学科知识对应解析。

利用趣味实验理解物理与化学

自然科学的学习往往需要理论联系实际，通过具象化实验可以帮助青少年更直观地理解抽象的概念。物理与化学作为基础学科，其原理渗透在日常生活的诸多现象中。利用家庭生活中的常见物品设计简易的实验，既能将课本知识转化为可操作的实践活动，又能培养观察能力和科学思维，使学习过程兼具趣味性与启发性。

下面是笔者在腾讯元宝里使用的提示词及得到的结果。

我的提问

列一些可以利用家里常用物品就能完成的实验，目的是使物理及化学的学习更有趣味。

AI 回答

以下是一些利用家庭常见物品即可完成的物理和化学趣味实验，既能帮助孩子们理解科学原理，又能提升学习兴趣。

一、物理实验篇

1.鸡蛋惯性实验

材料：熟鸡蛋、玻璃杯、扑克牌。

操作：将鸡蛋置于杯口，将卡片平放在杯口上方，快速弹走卡片，观察鸡蛋垂直落入杯中。

原理：惯性定律（物体保持原有运动状态）。

拓展：尝试用生鸡蛋对比，观察差异。

2.自制彩虹（光的折射与反射）
材料：透明玻璃杯、水、白纸、阳光/手电筒。
操作：杯中装满水，调整角度让阳光透过水杯折射到纸上形成彩虹。
原理：光通过水发生折射和反射，分解为不同颜色的光谱。
3.平衡鸟
材料：硬纸板、回形针、剪刀。
操作：剪出鸟形，在鸟嘴位置夹回形针，置于指尖观察平衡。
原理：重心调整（回形针使重心位于支撑点下方）。
……

与此类似，还可以向AI做如下提问。

1.请设计5个使用厨房材料的化学实验，展示物质状态变化与酸碱反应。

2.如何用衣架、橡皮筋等物品制作简易的物理教具，演示声波振动原理？

3.设计一个用雪碧和葡萄干演示物体浮沉条件的家庭实验，解释气泡如何改变葡萄干的密度。

用物理知识指导比赛加大胜出概率

在竞技体育中，运用科学的原理优化技术动作是提升成绩的有效途径。拔河比赛作为典型的力学对抗运动，其胜负不仅取决于队员的力量素质，更与参赛者对物理规律的应用水平密切相关。通过分析摩擦力、合力作用点与重心位置等关键要素，可以制定出更符合力学原理的战术策略。借助AI工具进行多维度物理建模，能够快速推导出科学合理的实践建议，为参赛者提供理论指导。

下面是笔者在腾讯元宝里使用的提示词及得到的结果。

我的提问

从物理角度分析一下，拔河比赛应该怎样做才能赢？

AI 回答

从物理角度分析，拔河比赛的胜负取决于力学原理与技巧的结合。以下是制胜的关键因素及具体策略。

一、最大化静摩擦力

静摩擦力是防止被拉动的核心因素，其上限由正压力（体重）和摩擦系数（鞋底与地面）决定。

1.增加正压力：选择体重较大的队员，利用其重力增大对地面的压力，从而提高最大静摩擦力。例如，壮汉队伍因体重优势更易站稳。

2.提升摩擦系数：穿防滑鞋（如橡胶底、带纹路的运动鞋），选择粗糙的地面（如草地、沙地）以增大摩擦力。

3. 动态调整：在比赛中，需要通过身体后仰、低重心姿势维持静摩擦力，避免进入滑动摩擦阶段（动摩擦力通常小于静摩擦力）。

二、优化力的合成与方向

拔河是合力对抗的较量，需要确保所有队员的拉力方向一致。

1. 直线发力：绳子必须保持笔直，避免左右摆动导致分力抵消。队员的站位应呈直线，肩部与绳子平行。

2. 同步发力：通过统一的口号或指挥，使全队同时发力，形成瞬时合力峰值。例如，在比赛开始时集中爆发力拉动绳子。

3. 避免分力：若队员发力方向不一致（如向左或向右倾斜），会导致分力抵消，降低整体合力。

……

与此类似，还可以向AI做如下提问。

1. 请用动量守恒原理解释，篮球运动员起跳投篮时如何保持身体平衡。
2. 从流体力学角度分析，游泳比赛应采用哪种划水姿势减少阻力。
3. 运用摩擦力知识说明，短跑运动员的跑鞋鞋钉排列设计原理。

用 AI 分析错题、总结考点

用三维分析法分析错题

在构建学科知识体系的过程中，错题分析是巩固认知结构、完善思维路径的重要方法。运用"知识维度—能力维度—策略维度"的三维分析法，能够系统地诊断解题过程中的认知偏差，培养举一反三的迁移能力。通过对材料特性与功能需求对应关系的深度剖析，有助于建立物理性质与实际应用的逻辑联系，提升科学思维品质。

下面是笔者在腾讯元宝里使用的提示词及得到的结果。

我的提问

国产大飞机C919机身大规模使用完全国产化的第三代铝锂合金，其密度要比传统铝合金低约10%，还具有强度高、导电性好、耐腐蚀等特性，下列物体不适合用该材料制造的是（ ）。

A. 自行车的车架 B. 平板电脑的 C. 打桩机的重锤 D. 仪器中的电子元件

上面这道题我做错了，请使用错题三维分析法分析一下。

AI 回答

> 错题三维分析法解答
> 一、知识漏洞分析
> 题目考查对第三代铝锂合金特性的理解及其应用场景的判断。根据题干描述，第三代铝锂合金的核心特性包括以下几个。
> 1. 密度比传统铝合金低约10%（轻量化）；
> 2. 强度高（适用于承力结构）；
> 3. 导电性好（适合电子元件）；
> 4. 耐腐蚀（适用于复杂环境）。
> 关键知识漏洞可能在于：未明确材料的低密度特性与"打桩机重锤需高密度"之间的矛盾；未理解材料导电性对电子元件制造的适用性。
> 二、审题偏差分析
> 题目要求选择不适合用该材料制造的物体，需要结合选项的功能需求与材料特性对比。
> A. 自行车车架：需要轻量化和高强度，铝锂合金完全符合需求，适合使用。
> B. 平板电脑外壳：需轻便、耐腐蚀，铝锂合金特性匹配，但导电性可能带来电磁干扰问题（题目未明确是否需要绝缘性），需要进一步分析。
> C. 打桩机的重锤：核心功能依赖高密度（增大冲击力），而铝锂合金密度低，无法满足需求，为正确选项。
> D. 仪器中的电子元件：导电性是关键需求，铝锂合金的导电性符合要求，适合使用。
> 审题偏差可能在于：忽略"打桩机重锤需高密度"这一核心需求；误判导电性对电子元件的影响（例如是否需要绝缘）。
> ……

与此类似，还可以向AI做如下提问。

1. 初中物理并联电路求电流的题目是两个电阻$R1 = 10Ω$、$R2 = 20Ω$并联，电源电压6V，我错把通过$R1$的电流选成0.2A，请用错题三维分析法分析此错题。

2. 下列物质在氧气中燃烧，产生大量白烟的是（ ）。

   A.木炭 B.铁丝 C.红磷 D.硫粉

   我选了A，做错了，请用三维分析法分析这道错题。

3. 在探究串联电路中电流规律的实验里，小明连接好电路，闭合开关后发现电流表$A1$示数为0.3A，电流表$A2$示数为0.2A，他得出串联电路中电流不处处相等的结论。本题我选了"小明的实验结论正确，是测量误差导致示数不同"这个错误答案，请使用错题三维分析法分析这道题。

总结生物考点并设计有针对性的练习

在备考过程中,系统梳理学科核心知识点并开展专项训练,是提升学习效率的重要途径。通过科学归纳近年高频考点,能够帮助学生聚焦重点内容,优化复习方向。结合智能工具对考核要点进行结构化整理,可快速构建知识网络框架,再配合典型例题的针对性训练,有助于强化知识迁移能力,切实提升应试水平。

下面是笔者在腾讯元宝里使用的提示词及得到的结果。

我的提问

汇总分类整理最近三年来初中生物课的常考知识点,并简述学习方法。

AI 回答

以下是近三年初中生物课高频知识点分类整理及学习方法建议,结合中考命题趋势整理,帮助学生高效备考:

一、高频知识点分类整理

Ⅰ.生物体的结构层次

1.显微镜操作(高频实验题)

重点:物像移动规律(偏哪移哪)、倍数计算(目镜×物镜)、污点判断

例题:判断显微镜视野中细胞数量的变化(例:10× → 40× 时减少至原 1/4)

2.动植物细胞结构

必考对比:细胞壁/液泡(植物特有)、线粒体(所有活细胞都有)

易错点:并非所有植物细胞都有叶绿体(如根尖细胞)

Ⅱ.生态系统

1.食物链书写

铁律:生产者开头,不含分解者,箭头指向捕食者

典型考法:结合具体案例计算能量传递效率(约 10%~20%)

2.生态瓶制作

得分要点:必须含生产者(如水草)、避免阳光直射、生物比例适当

……

与此类似,还可以向AI做如下提问。

1.按照知识模块分类梳理初中数学几何部分5年高频考点,并给出错题订正建议。

2.整理近3年中考英语阅读理解常见题型,针对每种题型设计专项突破策略。

3.归纳初二物理力学章节的核心公式及其应用场景,配套典型例题解析。

第 7 章　用 AI 学习人文

用思维导图记忆知识点

在知识整合与记忆强化的学习过程中,思维导图作为一种高效的信息结构化工具,能够通过层级化、可视化的方式提升记忆效率。其核心价值在于将零散的知识点进行逻辑串联,形成有机的知识网络。通过人工智能工具生成思维导图,不仅能确保知识梳理的完整性和逻辑严谨性,更能依据教学大纲要求精准把握知识要点。这种数字化学习方式尤其适用于历史、文学等需要体系化记忆的学科,为学习者提供了科学系统的复习路径。

笔者以创作"中国古代朝代更迭"思维导图为例,来讲解如何用思维导图记忆知识点,具体操作步骤如下。

(1)打开腾讯元宝网站,进入腾讯元宝的默认对话页面,在文本输入框中将大模型切换为DeepSeek,并开启"深度思考(R1)"功能。

(2)因为想要制作思维导图,而DeepSeek不能直接生成,因此只能让DeepSeek根据我们的需求输出能生成思维导图的Markdown代码。这里以"中国古代朝代更迭"思维导图为例,输入文字指令"以'中国古代朝代更迭'为题,梳理从夏朝到清朝各个朝代的起止时间、开国君主、重要历史事件等知识点,用Markdown格式思维导图呈现出来"。如下图所示。

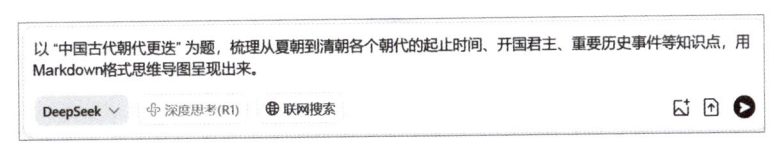

(3)点击▶按钮,DeepSeek经过深度思考后便会输出"中国古代朝代更迭"思维导图的Markdown代码,部分输出内容如下图所示。

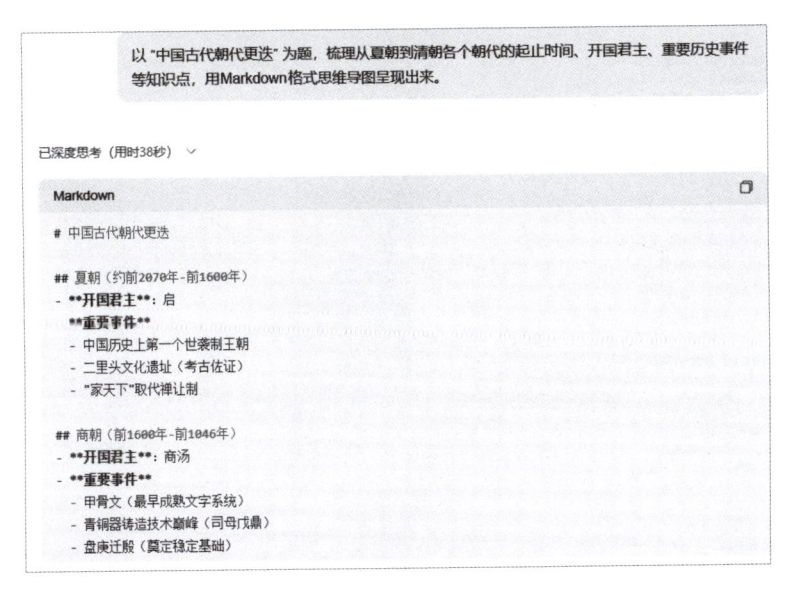

（4）复制输出的Markdown代码，打开Mindean网址，进入Mindean网站页面，点击"万能转换器"按钮，进入"思维导图转换器"页面，如下图所示。

（5）点击M按钮，选择文件夹选项便会转换为输入Markdown数据的文本框，将复制的代码粘贴到文本框中，点击"确定"按钮。

（6）网站将用户填入的代码保存为.md文件，并选择转换类型为Markdown，单击"开始转换"按钮，转换后的思维导图便在页面下方显示，如下图所示。单击 按钮，还可以将生成的思维导图导出为JPG格式的图片。

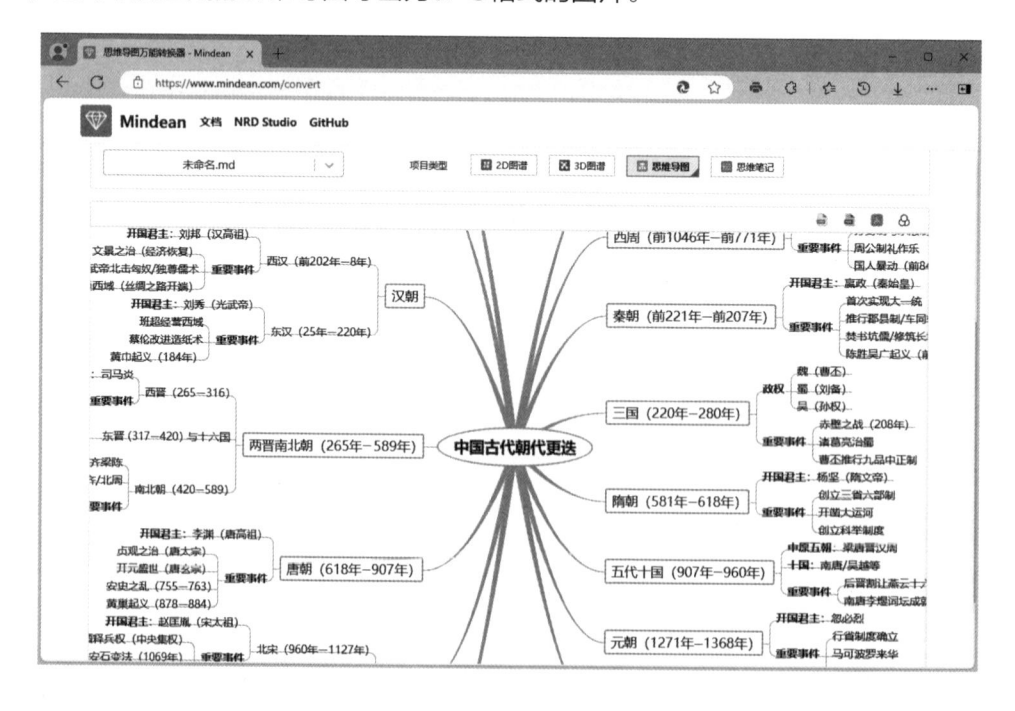

与此类似，还可以向AI做如下提问。

1.围绕"宪法基本原则"，构建包含人民主权、法治国家、权力制约等核心概念的知识框架，用思维导图展示宪法与其他法律的关系，并标注案例说明。

2.设计"世界气候类型"思维导图，按温度带分类标注典型植被、动物特征、代表城市。

3.用思维导图解构"社会主义核心价值观"，区分国家、社会、个人层面内涵，每个层面添加两个案例说明。

让知识"鲜活起来"

用历史知识制作剧本杀游戏

将历史知识转化为沉浸式的剧本杀游戏，能够有效激发青少年的学习兴趣，促进他们对历史事件因果关系的理解。通过角色扮演和情境推理，参与者能直观地体验历史人物的决策逻辑，感受时代背景对个人命运的塑造作用。这种寓教于乐的形式既符合新课标对跨学科实践的要求，又能培养团队协作与批判性思维能力。

下面是笔者在腾讯元宝里使用的提示词及得到的结果。

我的提问

以"三国时期赤壁之战"为背景，设计一个历史剧本杀小游戏。需要写出当时参与赤壁之战的不同阵营的角色，如刘备、孙权、曹操等阵营中的将领、谋士等。在剧本中，详细设定各个角色的身份背景、性格特点、所属势力，以及在赤壁之战中的关键行动和决策，通过剧本杀帮助学生深入了解赤壁之战的起因及结果。

AI回答

历史剧本杀《赤壁烽烟》设计案

背景设定：公元208年冬，曹操率大军南下，意图一统天下。孙刘联军在赤壁江畔布防，双方对峙之际，一场决定华夏命运的战役即将爆发。玩家将扮演不同阵营的核心人物，通过权谋、联盟与博弈，推动历史走向。

一、阵营与角色设定

【孙刘联盟阵营】

1.周瑜（东吴大都督）

身份背景：江东名门之后，精通音律、兵法，是赤壁之战的总指挥。

性格特点：才华横溢但高傲自负，忌惮诸葛亮之才，深爱小乔。

关键行动：策划火攻连环计，借黄盖诈降接近曹营。

> 隐藏任务：设法削弱诸葛亮在联盟中的影响力。
> ……

与此类似，还可以向AI做如下提问。

1.以法国大革命时期攻占巴士底狱为背景，设计包含革命派、保皇派、市民等阵营的历史剧本杀，要求体现启蒙思想对历史进程的影响。

2.围绕丝绸之路上的商队贸易，创作包含粟特商人、波斯使节、大唐边关守将等角色的文化传播主题剧本杀。

3.基于美国独立战争中的波士顿倾茶事件，构建英国殖民官员、茶叶商人、自由之子成员等多方博弈的沉浸式历史推理游戏。

让历史人物鲜活起来

在学习历史的过程中，通过对具体情境的想象与对心理活动的揣摩，学生能够更深刻地理解历史人物的抉择与命运。这种将历史事件具象化的思考方式，不仅有助于打破时空的隔阂，更能培养学生的同理心和批判性思维。借助AI技术对特定历史场景的模拟重构，可以生成符合人物身份与时代背景的心理独白，为历史学习注入更多人文温度与情感共鸣。

下面是笔者在腾讯元宝里使用的提示词及得到的结果。

我的提问

> 玄武门之变结束的当天，李世民在深夜写下一段独白，你觉得他会写什么？

AI 回答

> 关于李世民在玄武门之变当夜的独白，结合历史背景与文学想象，其内容可能包含以下核心要素。
>
> 一、权力与亲情的撕裂
>
> 1.血腥场景的隐喻
>
> 砚台中的朱砂被描绘为"艳得像元吉咽气前抓着我的那只手"，玄武门青砖缝中卡着李建成赠予的错金匕首，暗示兄弟情谊与权力杀戮的纠缠。李渊龙袍上的玉冠残片与询问"可有受伤"的复杂眼神，凸显父子关系在政治博弈中的异化。
>
> 2.伦理困境的具象化
>
> 通过《韩非子》中"夫妻者，非有骨肉之恩也"的偶然翻页，暗合李世民对儒家孝悌伦理的背离；而"弑"字墨迹的晕染与史官对"诛戮"用词的争论，则展现其行为合法性的自我辩驳。
>
> ……

与此类似，还可以向AI做如下提问。

1.安史之乱爆发时，杨玉环在马嵬驿的最后时刻会如何回忆自己的一生？

2.假如你是即将推行变法的商鞅，在咸阳宫大殿上面见秦孝公前会有怎样的心理活动？

3.郑和第一次下西洋前夜，站在宝船甲板上会思考哪些问题？

用AI推演历史关键时刻

通过人工智能技术对历史关键节点进行逆向推演，能够帮助人们更深刻地理解历史事件的必然性与偶然性。这种基于大数据和逻辑模型的推演方法，不仅能够展现历史发展的多种可能性，还可以揭示单一决策可能引发的连锁反应，培养人们以多维视角审视历史进程的能力。

下面是笔者在腾讯元宝里使用的提示词及得到的结果。

我的提问

推演一下，如果秦始皇没有统一度量衡，后面的历史将如何发展，这个决定将会对历史产生怎样的影响？

AI回答

若秦始皇未推行度量衡统一政策，中国历史发展轨迹将发生重大转向，其影响将贯穿经济、政治、文化等多个维度。结合历史规律与文献记载，可推演出以下可能的发展路径及影响。

一、经济领域的割据与低效

1.区域经济壁垒加剧

战国时期各国度量衡差异显著（如楚国的"郢爰"与齐国的刀币并存），若未统一，跨区域贸易将长期面临换算成本高、信任度低的问题。商贾需携带多种计量工具，交易纠纷频发，可能催生地方保护主义，形成以诸侯国为单位的封闭市场。

2.国家财政体系紊乱

田赋征收、军粮调配等核心事务将因计量标准差异产生误差。文献记载秦代通过统一度量衡实现"田租刍藁，量程平准"（里耶秦简），若缺失统一标准，中央对地方经济的掌控力将削弱，甚至出现"诸侯隐匿赋税，中央财政空虚"的局面。

……

与此类似，还可以向AI做如下提问。

1.假设英国工业革命时期蒸汽机未被改良应用，分析该技术停滞对全球殖民体系的影响。

2.推演郑和船队持续下西洋至大航海时代，中华文明与欧洲文明的碰撞会提前产生怎样的化学反应。

3.如果罗马帝国成功推行希腊化政策，推测其文化传播路径对中世纪欧洲格局的塑造作用。

快速归纳分析同类历史事件

总结数据复杂的历史事件

在历史学的比较研究中,准确对应不同文明体系下的历史分期是理解人类文明发展轨迹的重要课题。通过对中国历代王朝与西方文明关键时期的横向对比,既能揭示不同文明演进的共性规律,又能凸显各自独特的时空背景特征。开展此类研究需要秉持严谨的学术态度,综合运用文献考据、考古发现和年代学方法,避免简单的时间线套用。

下面是笔者在腾讯元宝里使用的提示词及得到的结果。

我的提问

分别列出中国的春秋以及后面秦、汉、唐、宋、元、明、清各个朝代,分别对应于西方的哪些历史时期,不要乱猜,要有理有据,要多方考证,以确保准确性与正确性。

AI 回答

根据多篇文献的交叉考证,以下为中国主要朝代与西方历史时期的对照表。

中国朝代	时间范围	对应的西方历史时期/政权	关键依据
春秋战国	前770—前221年	波斯帝国(前550—前330年)、希腊城邦(前8—前4世纪)、马其顿帝国(前4世纪)、罗马共和国早期(前509—前27年)	文献1、4、7、16均指出希腊城邦与波斯帝国并存,罗马共和国同期扩张 ❶❹❼
秦朝	前221—前206年	罗马共和国(前509—前27年)、塞琉古帝国(西亚)、托勒密王朝(埃及)	文献1、4、8提到秦统一时罗马正进行布匿战争 ❶❹❽
西汉	前202—8年	帕提亚帝国(前247—224年)、罗马共和国后期(前2—前1世纪)	文献1、4、8指出张骞通西域时罗马处于凯撒与庞培内战 ❶❹❽
东汉	25—220年	罗马帝国(前27—476年)、萨珊波斯(224—651年)	文献1、4、10提到班超经营西域时罗马五贤帝在位 ❶❹❿
唐朝	618—907年	拜占庭帝国(330—1453年)、阿拉伯帝国(632—1258年)、法兰克王国(481—843年)	文献1、4、13、16均提到玄奘取经时阿拉伯帝国扩张 ❶❹⓭
宋朝	960—1279年	神圣罗马帝国(962—1806年)、拜占庭马其顿王朝(867—1056年)、十字军东征(1096—1291年)	文献1、14、16指出活字印刷术发明时欧洲处于罗马式向哥特式建筑过渡 ❶⓮⓰
元朝	1271—1368年	蒙古四大汗国(金帐、伊儿、察合台、窝阔台)、拜占庭帕列奥列格王朝(1261—1453年)	文献1、16提到马可·波罗来华时但丁创作《神曲》 ❶⓰

......

与此类似,还可以向AI做如下提问。

1.请对比分析秦汉时期中央集权制度与罗马帝国政治体系的异同,需要结合出土文献与传世史籍进行双重论证。

2.列举唐宋时期中国科技发展的重要成就,并说明其与同期阿拉伯帝国科技进步的关联与差异。

3.系统梳理元、明、清三朝经济模式的演变路径,要求与欧洲中世纪至工业革命前的经济形态进行对应比较,需要标注每个结论的史料来源。

对比类似的历史事件

在学习历史的过程中,对比分析具有相似特征的重要事件是构建历史认知框架的有效方法。通过横向比较不同时期的变法改革,既能发现社会变革的共性规律,又能了解特殊历史条件的制约作用。借助AI工具生成多维度的对比分析,可以帮助学习者快速建立知识关联,把握核心要点。

下面是笔者在腾讯元宝里使用的提示词及得到的结果。

我的提问

戊戌变法、王安石变法、商鞅变法,这三者有什么异同?对历史进程产生了怎样的影响?应该如何记住这些知识点?

AI 回答

一、三次变法的异同点分析

(一)相同点

1. 核心目标:三者均以"富国强兵"为直接目标,试图通过改革挽救统治危机或应对外部挑战。

2. 阻力来源:均触动了旧有利益集团(如贵族、官僚、地主),引发激烈的反对。

3. 改革者特质:商鞅、王安石、康梁等改革者均具备坚定的改革意志,且得到最高统治者(秦孝公、宋神宗、光绪帝)的初期支持。

(二)不同点

二、对历史进程的影响

1. 商鞅变法

制度奠基:废除世袭贵族特权,确立中央集权制,推动秦国从分封制向郡县制转型。

经济转型:土地私有制("废井田")释放生产力,秦国农业、军事实力跃居七雄之首。

长期影响:为秦统一六国提供制度模板,如统一度量衡、户籍连坐制等沿用至后世。

……

维度	商鞅变法(战国)	王安石变法(北宋)	戊戌变法(晚清)
性质	封建制度确立运动	封建制度内部调整	资产阶级改良运动
背景	战国争霸,秦国落后需崛起	北宋"三冗"危机(冗官、冗兵、冗费)	甲午战败后民族存亡危机
内容	废井田、军功爵、县制(制度重构)	青苗法、募役法(经济调控)	设学、改官制、倡民权(政治启蒙)
结果	成功,奠定秦统一六国的基础	失败,加剧党争	失败,仅存103天
阶级性	新兴地主阶级推动	士大夫阶层主导	资产阶级维新派发起

与此类似，还可以向AI做如下提问。

1. 比较法国大革命、美国独立战争、辛亥革命的政治诉求与实施路径，它们的成败经验对现代民主建设有何启示？

2. 分析罗斯福新政、中国改革开放、德国社会市场经济3种经济改革模式的异同，总结经济转型的关键要素。

3. 对比文艺复兴、新文化运动、启蒙运动的思想解放特征，探讨思想革新与社会变革的互动关系。

纵向对比并快速记忆重要会议

系统地梳理历史事件的内在逻辑是提升学习效果的重要途径。对于中国共产党历史上具有里程碑意义的会议，通过纵向对比时间脉络与核心内容，既能把握中国革命与建设的发展轨迹，又能通过科学记忆方法强化认知。采用图表化呈现方式结合记忆技巧，可使复杂的历史知识点形成清晰的网络，帮助学习者构建完整的知识框架。

下面是笔者在腾讯元宝里使用的提示词及得到的结果。

我的提问

用图表的形式列出中学生应该掌握的中国共产党的重要会议，并给出这些重要会议的记忆方法，可以是口诀或顺口溜，也可以用谐音的方式。

AI回答

以下是中学生需要掌握的中国共产党的重要会议及记忆方法的图表总结。

中共重要会议速记表

综合记忆口诀

1. 时间地点顺口溜（改编）：

"一沪二沪三广州，四沪五汉六莫愁；

七延八京九动荡，十一三中改革牛。"

注释：

"六莫愁"指六大在莫斯科；"九动荡"指九大在"文革"期间召开；"改革牛"指党的十一届三中全会启动改革开放。

2. 关键词串联法：

一大立党，二大立纲，三大合作，八七武装，古田建军，遵义转向，瓦窑统战，洛川抗战，七大毛旗，七二进城，八大矛盾，十一开放。

中共重要会议速记表

会议名称	时间	地点	核心内容/历史意义	记忆口诀/方法	来源
中共一大	1921	上海→嘉兴	宣告中国共产党成立，确立党的名称和纲领	**"一湖红船"**（谐音"一"大在"湖"边）或"立党"**（一大立党）**① ② ④	① ② ④
中共二大	1922	上海	提出彻底反帝反封建的民主革命纲领（最高纲领和最低纲领）	**"二纲分高低"** 或 **"二大立纲"**（口诀"一大立党二大立纲"）① ② ④	① ② ④
八七会议	1927	汉口	提出"枪杆子里出政权"，确立土地革命和武装斗争方针	**"八七枪响"**（谐音"八七"对应"枪"）或"秋收起，枪杆立"** ① ② ④	① ② ④
古田会议	1929	福建古田	确立"思想建党、政治建军"原则	**"古田建军"**（谐音"古田"→"固田"，巩固军队根基）① ④	① ④
遵义会议	1935	贵州遵义	毛泽东领导地位确立，党从幼稚走向成熟的标志	**"遵义转折"**（谐音"遵"→"转"折点）或"生死三人组"**（三人军事领导小组）① ② ④	① ② ④
瓦窑堡会议	1935	陕北瓦窑堡	制定抗日民族统一战线策略	**"瓦窑保统战"**（谐音"瓦窑"→"挖窑"，挖出统一战线）① ② ④	① ② ④
洛川会议	1937	陕北洛川	提出《抗日救国十大纲领》，确立全面抗战路线	**"洛川十大纲"**（谐音"洛川"→"落川"，落实十大纲领）① ④	① ④
中共七大	1945	延安	确立毛泽东思想为党的指导思想	**"七大毛旗扬"**（谐音"七大"→"起大"，毛泽东思想崛起）① ④ ⑤	① ④ ⑤
七届二中全会	1949	河北西柏坡	提出"两个务必"，工作重心从农村转向城市	**"西柏坡进城"**（谐音"西柏"→"喜搬"，搬进城市）或"糖衣炮弹要警惕"** ① ④ ⑤	① ④ ⑤
中共八大	1956	北京	分析国内主要矛盾（先进工业需求与落后农业现实）	**"八大矛盾转"**（矛盾从阶级斗争转为经济建设）① ⑤	① ⑤
十一届三中全会	1978	北京	改革开放开端，工作重心转向经济建设	**"三中全会改"**（谐音"三中"→"三终"，结束阶级斗争）① ⑤	① ⑤

……

与此类似，还可以向AI做如下提问。

1. 如何通过时间轴图示展现中国近代史的重大条约，并设计便于记忆的关键词联想法？

2. 用时间轴表格纵向对比中共一大、七大、十一届三中全会，标注召开年份、地点和核心贡献，并为每场会议编一个包含数字谐音的记忆口诀。

3. 用时间轴形式排列遵义会议、八大、十二大、十九大，在备注栏标注每个会议对应的历史阶段特征，并用"转折—探索—改革—复兴"4个关键词编成四字口诀。

如何利用AI分析历史事件

在运用人工智能技术解析历史事件的过程中，多维度的观察视角能够显著提升研究的深度与广度。除常规的经济基础、政治格局与文化形态分析外，还需关注社会结构变迁、科技发展进程，以及生态环境演变等交叉领域。通过建立多维度分析模型，AI可有效识别不同要素间的关联性，例如工业革命期间纺织技术进步与社会阶层重组的内在联系。这种系统性的分析方法有助于构建更立体的历史认知框架，为当代社会发展提供借鉴。

下面是笔者在腾讯元宝里使用的提示词及得到的结果。

我的提问

在分析历史事件时，除了可以从经济、政治、文化角度分析，还能从哪些角度分析？总结并举例说明。

AI 回答

在分析历史事件时,除了经济、政治、文化角度,还可以从以下多维度切入,并辅以具体案例说明。

1. 地理与环境角度

分析地理条件、气候变化对历史进程的影响。例如:

古代中国北方游牧民族南侵常与气候干旱导致草原资源匮乏相关,如小冰期加剧了明末社会动荡。

淝水之战中,晋军利用江淮水网地形限制前秦骑兵优势,以少胜多。

2. 人口流动与迁徙角度

考察人口迁移对民族融合或社会结构的影响。例如:

魏晋南北朝时期的"衣冠南渡"推动了南方经济的开发,改变了中国南北经济格局。

近代欧洲殖民扩张引发全球人口流动(如非洲奴隶贸易),重塑美洲社会形态。

……

与此类似,还可以向 AI 做如下提问。

1. 如何构建 AI 辅助的历史比较研究模型?请设计对比法国大革命与英国光荣革命的分析维度。

2. 当研究古代丝绸之路时,除传统贸易路线分析外,AI 还能从哪些创新角度进行数据挖掘?

3. 针对二战期间的技术突破,如何运用机器学习建立军事科技与社会变革的关联模型?

用特殊方法记忆知识点

利用 5W2H 方法分析历史事件

在学习历史的过程中,掌握科学的分析方法对深入理解事件本质具有重要意义。5W2H 作为一种系统化的思考工具,能够帮助学习者从多维度梳理历史事件的因果关系与发展脉络。结合初中历史课程的教学目标,通过具体案例演示该方法的实际应用,有助于学生构建清晰的历史认知框架。

下面是笔者在腾讯元宝里使用的提示词及得到的结果。

我的提问

在学习历史时如何运用 5W2H 方法,用初中生要掌握的历史知识举例说明。

AI 回答

在初中历史学习中运用 5W2H 分析法,可以帮助学生系统地梳理历史事件的背景、过程和影响,避免死记硬背。以下是具体方法及案例说明。

一、5W2H 的构成要素及历史学习应用

1. Why(原因)

用途:探究历史事件发生的根本原因或目的。

案例:鸦片战争

英国为何发动战争?→打开中国市场、扭转贸易逆差(经济原因)。

清政府为何失败?→政治腐败、军事技术落后(深层原因)。

2. What(内容)

用途:明确事件的核心内容或具体措施。

案例:商鞅变法

变法内容是什么?→废除井田制、奖励军功、推行县制等。

3. When(时间)

用途:确定事件的时间节点和阶段划分。

案例:新航路开辟

哥伦布何时到达美洲?→1492年(时间点)。

开辟过程分为几个阶段?→葡萄牙东线、西班牙西线(时间线)。

4. Where(地点)

用途:分析事件发生的地理环境或影响范围。

案例:赤壁之战

……

与此类似,还可以向AI做如下提问。

1.用5W2H法分析新文化运动的兴起。

2.请用5W2H分析法拆解鸦片战争。

3.以表格的形式总结法国大革命的5W2H要素。

运用"3T+2S"口诀法解答地理问答题

地理学科作为一门融合自然规律与人文逻辑的综合性学科,其问答题往往需要学生综合运用空间思维、知识迁移和语言组织能力。然而,许多中学生在面对地理问答题时,常因知识点零散、逻辑框架模糊、答题语言不规范等问题而失分。通过"3T+2S"口诀,即从地形(Terrain)、交通(Transport)、贸易(Trade)、社会(Society)、战略(Strategy)这5个维度,学生可逐步从机械记忆迈向结构化思考,真正实现"学得会、记得牢、答得准"的学习目标。

下面是笔者在腾讯元宝里使用的提示词及得到的结果。

我的提问

请运用"3T+2S"口诀,即从地形(Terrain)、交通(Transport)、贸易(Trade)、社会(Society)、战略(Strategy)这5个维度,结合初高中地理知识,解析长三角地区得以成为中国经济中心的原因。在回答过程中,要确保逻辑清晰、条理分明,详细阐述每个维度的关键要素及其相互作用,通过层层分析,揭示长江三角洲地区经济发展背后的深层次逻辑和优势。

AI回答

基于"3T+2S"框架的长江三角洲经济中心地位解析

一、地形(Terrain):平原沃土与具有自然禀赋的基石

冲积平原的天然优势

长江三角洲由长江及钱塘江泥沙冲积形成,地势低平(海拔多低于10米),土壤肥沃,河网密布,兼具亚热带季风气候的雨热同期特征。这种地形条件为农业发展提供了打造"鱼米之乡"的根基,历史上形成了高产的稻作农业体系,支撑了早期人口集聚和商品经济的萌芽。

水资源的双重赋能

长江黄金水道与东海、黄海交汇,形成"江海联运"的天然枢纽。密布的河湖(如太湖、京杭运河)既保障了灌溉和淡水供给,又为内河航运创造了条件。例如,太湖流域的丝绸产业依托水运网络,早在明清时期便成为全国手工业中心。

自然灾害的治理与转化

历史上洪涝频发推动了水利工程建设(如海塘、圩田系统),反而强化了区域基础设施的韧性。现在通过长江口航道整治、太湖流域综合治理等工程,进一步将自然风险转化为发展机遇。

二、交通(Transport):立体网络的枢纽地位

水、陆、空三位一体的交通体系

水运:上海港、宁波舟山港(全球第一大港)构成国际航运双核心,2023年长江三角洲港口集装箱吞吐量占全国的37%;长江内河航道串联中上游,形成"黄金水道+沿海港口"的物流闭环。

陆路:高铁网络密度居全国首位,3小时都市圈覆盖全域,沪宁、沪杭等城际铁路实现"同城化"通勤。

……

与此类似,还可以向AI做如下提问。

1.请运用"3T+2S"口诀,即从地形(Terrain)、交通(Transport)、贸易(Trade)、社会(Society)、战略(Strategy)这5个维度,结合初中地理知识,解析东北平原成为我国重要商品粮基地的原因。在回答时需要条理清晰,分别阐述每个维度的相关地理要素如何助力东北平原成为商品粮基地,分析各要素间的协同作用。

2.请运用"3T+2S"口诀,即从地形(Terrain)、交通(Transport)、气温(Temperature)、资源(Source)、人口(Society)这5个维度,结合初中地理知识,解析华北平原成为重要农业产区的原因。在回答过程中,需要逻辑清晰地阐述每个维度的关键要素,说明各要素如何相互影响,从而揭示华北平原农业发展的有利条件。

3.请运用"3T+2S"口诀法,从地形(Terrain:如平原分布、河网密度)、交通(Transport:如港口枢纽、多式联运)、贸易(Trade:如产业集聚、外向型经济)、社会(Society:如人口素质、城市化水平)、战略(Strategy:如政策扶持、区域协同)5大维度,结合初中地理教材内容,分析珠江三角洲地区工业发展的核心优势。要求分点阐述各要素的特点,并说明其如何相互作用推动区域经济增长,语言简明、逻辑连贯。

运用比较法掌握知识

在地理、政治、历史等人文类知识的学习中,学生常因抽象的空间概念、复杂的历史脉络,以及庞大的知识体系而陷入"死记硬背"的困境。传统学习模式下,学生往往需要花费大量时间在不同资料间来回切换,不仅效率低下,还容易遗漏关键信息。

借助AI可以快速整合多源信息,对知识进行深度梳理和比较分析,并以直观清晰的表格形式呈现出来。这种呈现方式不仅有助于学生快速理解知识间的内在联系,还能进一步提高记忆效率,让学生从机械记忆中解放出来,将更多的精力投入对知识的理解、分析和应用中去,从而实现更高效、更深入的学习效果。

下面是笔者在腾讯元宝里使用的提示词及得到的结果。

我的提问

请运用地理中的"比较法",帮我整理南北方河流的水文特征,最终结果要以表格的形式呈现。

AI 回答

根据搜索结果,结合地理"比较法"整理南北方河流水文特征如下:

特征项	南方河流	北方河流
流量	水量大(年径流量稳定)❶❷❼	水量较小(季节性变化显著)❶❷❼
汛期	汛期长(雨季长,5月—10月)❷❸❼	汛期短(集中于7月—8月)❷❸❼
含沙量	含沙量小(植被覆盖率高,侵蚀弱)❶❸❼	含沙量大(黄土疏松,植被覆盖率低)❶❸❼
结冰期	无结冰期(冬季气温>0℃)❽❼	有结冰期(越北结冰期越长,黄河封冻约40-100天)
水位季节变化	变化小(降水季节分配较均匀)❶❷❸	变化大(降水集中且年际差异大)❶❷❸
水能资源	中上游丰富(落差大+水量充足,如长江三峡)❷❺❻	中上游局部丰富(如黄河上游)、东北因地势平❷❺❻
补给类型	雨水补给为主(亚热带季风气候)❷❺❼	雨水补给(华北)、季节性冰雪融水补给(东北)

……

与此类似，还可以向AI做如下提问。

1.请对比温带季风气候与地中海气候的特征差异，从降水季节分配、气温年较差、典型植被3个维度整理，结果以对比表格的形式呈现，并附上北京与罗马的气候数据案例。

2.用比较法分析青藏高原与云贵高原的地形特征，需要包含平均海拔、主要地貌类型、外力作用形式，最终用表格的形式表现出来。

3.对比"精准扶贫"和"乡村振兴"两种政策，用表格呈现目标差异、实施措施和典型案例，重点说明对农村教育的影响。

联系日常生活及热点事件学习人文知识

结合实际新闻事件学习地理知识

地理知识的学习不应该只局限于教材和课堂，实际新闻事件为地理学习提供了丰富的素材和现实背景。AI能够快速整合多源信息，通过对新闻事件的深入分析，提取出与地理知识相关的要点，并以通俗易懂的方式呈现给学生。这种学习方式不仅能够提高学习者对地理知识的兴趣，还能培养他们将地理知识应用于解决实际问题的能力，使地理学习更加生动、有趣且富有实效。

下面是笔者在腾讯元宝里使用的提示词及得到的结果。

我的提问

请结合2024年全球气候热点新闻事件，帮助我学习地理知识。让我能够从这些案例中，深入了解不同气候现象的形成原因、特点及影响，从而掌握相关的地理气候知识。

AI回答

以下是结合2024年全球气候热点事件的案例分析，帮助你系统性理解气候现象的形成机制、特点及地理影响。

一、极端降水事件：气候变暖下的水循环加剧

案例1：辽宁葫芦岛特大暴雨（2024年8月）

形成原因：东北冷涡与副热带高压的异常对峙，叠加台风"云雀"外围水汽输送，形成持续性强降水。

特点：最大日降雨量达638.8毫米，突破辽宁省历史极值，综合强度达1951年以来最强。

影响：城市内涝、交通中断，受灾人口超10万，反映暖湿气候背景下极端降水频发的趋势。

> 案例2：撒哈拉沙漠罕见洪灾（2024年9月）
> 形成原因：地中海异常低压系统南下，携带水汽进入撒哈拉地区，突破沙漠干燥气候的常态。
> 特点：摩洛哥塔古尼特村24小时降水量达100毫米，为50年一遇。
> 影响：沙漠生态系统短暂恢复，但洪水冲毁基础设施，造成27人死亡，凸显干旱区对极端降水的脆弱性。
> ……

与此类似，还可以向AI做如下提问。

1.请结合2025年2月菲律宾台风"茉莉"登陆路径的新闻，分析其形成原因及对吕宋岛地形、人口分布的影响，用思维导图的形式总结季风气候特征与灾害防御策略。

2.用2025年全球气候峰会关于碳排放的争议报道，解析温室效应原理，列举3个工业城市区位案例说明产业结构与碳排放量的关系。

3.基于日本核污水排海最新进展，请解析福岛沿岸洋流的运动规律。要求结合太平洋北赤道暖流与千岛寒流交汇特征，推测污染物扩散路径及对东北亚渔业经济带来的潜在影响。

结合社会热点学习政治知识

社会热点问题往往涉及政治、经济、文化等多个领域，是学习政治知识的重要切入点。AI能够对海量的信息进行梳理和分析，帮助学习者快速把握热点问题的核心要点，了解政治现象的本质和规律。它还可以提供多元视角的解读，使学习者在不同观点的碰撞中深化对政治知识的理解，培养批判性思维和综合分析能力。

下面是笔者在腾讯元宝里使用的提示词及得到的结果。

我的提问

> 2024年12月，中国"春节"申遗成功，从"思想道德与法治"角度，分析春节承载的传统美德，体现中华文化的传承与创新。

AI 回答

> 从"思想道德与法治"视角分析春节承载的传统美德及其文化传承与创新，可结合社会主义核心价值观、文化自信与法治实践展开以下论述。
> 一、传统美德：春节承载的伦理价值与道德实践
> 家庭伦理与孝道传承
> 春节的团圆习俗是"家和万事兴"传统美德的具象化体现。通过阖家守岁、晚辈拜年等仪式，强化了"尊老爱幼""孝亲敬长"的伦理规范。例如，晚辈向长辈行礼拜年、聆听教诲，既是家庭代际情感纽带的延续，也是传统"孝道"在当代社会的实践。

这种道德教化功能与"思想道德与法治"课程中"家庭美德建设"高度契合。

社会公德与和谐理念

春节的公共习俗如邻里互赠礼物、庙会集体活动，体现了"与人为善""和谐共生"的社会公德。例如，春节期间"不倒垃圾"的禁忌蕴含环保意识，而社区舞龙舞狮活动则通过集体参与增强社会凝聚力，形成"柔性社会治理"模式，与法治社会倡导的"共建共治共享"理念相呼应。

……

与此类似，还可以向AI做如下提问。

1. 2025年3月全国生态日主题为"共建绿色家园"，请从"生态文明建设"角度，用初中政治"绿色发展理念"分析公民应如何践行低碳生活，并说明其与"美丽中国"战略的关系。

2. 近期多地发生AI换脸诈骗案件，请结合"法治意识"知识点，说明中学生应如何防范此类技术风险，并联系"权利义务相统一"原则阐述理由。

3. 目前，地方政府接入DeepSeek优化政务服务，请从"创新驱动发展"角度分析其对"提升治理能力现代化"的作用，并举例说明科技与社会的互动关系。

结合日常生活中的问题学习政治知识

生活中的许多问题都与政治息息相关。AI可以通过将抽象的政治概念与具体的生活场景相结合，帮助学生更直观地了解政治知识在实际生活中的体现。例如，AI可以模拟不同政策对个人生活的影响，或者通过案例解析展示政治决策如何影响社会运行。此外，AI还能为学生提供解决问题的思路和方法，引导学生运用政治知识分析和解决生活中的实际问题。

下面是笔者在腾讯元宝里使用的提示词及得到的结果。

我的提问

假设小明网购到假货，请用初中所学的"消费者权益"相关内容说明此时小明应该如何维权。

AI回答

小明在网购到假货时，可以依据初中所学的"消费者权益"相关知识，按照以下步骤维权。

一、保存关键证据，确认侵权行为

收集交易凭证

保留订单截图、商品详情页（含虚假宣传内容）、聊天记录、付款凭证和物流信息等电子证据。若商品存在明显质量问题，需要拍摄开箱视频或照片，记录商品的实际状况。

核实侵权类型

商家销售假货属于虚假宣传或欺诈行为,侵犯了消费者的知情权(了解商品真实情况的权利)和公平交易权(获得质量保障的权利)。

二、分阶段维权,依法主张权益

第一步:与商家协商

通过电商平台联系商家,礼貌地说明问题(如:"我收到的商品与描述不符,属于假货,请退货退款"),要求退换货或赔偿。若商家推诿,可引用《中华人民共和国消费者权益保护法》第五十五条,主张"退一赔三"(即退还货款并赔偿3倍金额)。

……

与此类似,还可以向AI做如下提问。

1.小华在学校食堂发现饭菜价格突然上涨,且质量下降,他感到不满但不知如何表达。请用初中所学的"公民权利与义务"相关内容,说明小华如何通过合理途径维护自身权益,并分析食堂涨价可能涉及的经济学原理。

2.同学在微信群转发"学校食堂使用地沟油"的谣言。请结合"法治社会"章节,说明传播谣言可能触犯的法律条款,并列举3种中学生应采取的合法应对措施。

3.班级要组织端午节活动,部分学生认为传统节日过时。请运用"文化自信"课程内容,策划3个融合汉服体验与现代元素的互动环节,需要解释环节设计的文化传承意义。

用 AI 提高记忆效率

将难记的知识点口诀化

将复杂的历史知识转化为朗朗上口的口诀,是提高记忆效率的有效方法。通过韵律化的语言组织和关键特征的提取,可以使抽象的时间脉络变得具象可视。例如,中国古代朝代更迭作为学习历史的基础框架,采用口诀记忆既能增强学习的趣味性,又能帮助学生建立清晰的历史时序概念。

下面是笔者在腾讯元宝里使用的提示词及得到的结果。

我的提问

请根据初高中地理知识中"地球公转速度与近日点、远日点的时空关系",为我设计一个记忆口诀。

AI 回答

我结合地球公转速度与近日点、远日点的时空关系,为您设计以下记忆口诀。

《公转速度时空歌》
一月初，近日跑，速度最快迎冬到；
七月初，远日飘，速度最慢夏日照。
椭圆轨道开普勒，冬近夏远要记牢！
口诀解析：
时间与速度的关系
"一月初，近日跑"：地球每年1月初到达近日点（距离太阳约1.471亿千米），此时公转速度最快（约30.3 km/s）。
"七月初，远日飘"：7月初到达远日点（距离太阳约1.521亿千米），此时速度最慢（约29.3 km/s）。
季节对应
"迎冬到"：北半球1月正值冬季，南半球为夏季。
"夏日照"：北半球7月正值夏季，南半球为冬季。
科学原理
"椭圆轨道开普勒"：依据开普勒第二定律，地球在近日点附近公转速度快，远日点附近速度慢。
记忆技巧
"冬近夏远"：用北半球季节反向关联距离（冬季在近日点，夏季在远日点），避免混淆
……

与此类似，还可以向AI做如下提问。

1.请帮我设计一个记忆口诀，口诀需要基于初高中地理知识中"地壳物质循环"的相关内容，包括但不限于地壳结构、物质循环过程、主要地质现象等。

2.请帮我生成"世界气候类型分布规律"对比记忆口诀。

3.请将"我国省级行政区分布规律"转化为朗朗上口的口诀。

用多种记忆方法记忆同一知识点

在获取知识与巩固知识的过程中，探索有效的记忆方法是提升学习效率的重要途径。传统机械重复的记忆模式往往难以形成长效记忆，且容易导致学习兴趣的减退。通过谐音联想、形象类比、韵律口诀等多元化记忆策略的整合运用，不仅能够加深对知识要点的理解，更有助于构建个性化的认知网络。借助人工智能技术生成具体案例，学习者可以获取多样化的记忆路径参考，优化知识内化过程。

下面是笔者在腾讯元宝里使用的提示词及得到的结果。

我的提问

如何用谐音、类比、口诀或其他有效的记忆方法记住"造纸术发明于西汉,由东汉的蔡伦改进"这一知识点?

AI 回答

一、谐音记忆法

1. 朝代谐音联想

西(稀)汉发(发明)明,东(懂)汉改(改进)良。

用"稀"对应"西汉",暗示早期的造纸技术尚不成熟("稀"薄);"懂"对应东汉蔡伦的智慧("懂"得改进)。

2. 蔡伦名字谐音

菜篮子装树皮,麻布破网造好纸。

将"蔡伦"谐音为"菜篮子",联想他用树皮、麻头、破布、旧渔网等廉价材料改进造纸术。

二、类比记忆法

1. 手机迭代类比

西汉的麻纸类似于"初代手机"(笨重昂贵),东汉蔡伦的纸则是"智能手机"(轻便普及)。

口诀:"西汉麻纸像大哥大,东汉蔡伦变苹果机。"

2. 烹饪类比

西汉发明造纸术如"煮粥"(原料简单但粗糙),蔡伦改进则是"煲汤"(加入树皮、麻布等"调料"提升品质)。

……

与此类似,还可以向AI做如下提问。

1. 请用厨房烧水场景类比海陆热力性质差异,设计包含"锅"和"水"意象的口诀,并标注类比逻辑关系。要求口诀押韵且步骤对应地理原理。

2. 将丝绸之路比作快递运输路线,用"打包—分拣—转运—派送"4个步骤设计故事串联记忆法,每个节点对应一个地理区域,要求用谐音词强化关键地名记忆。

3. 请用"动物迁徙类比法"解释亚洲季风气候夏季高温多雨的特征,要求结合候鸟迁移规律比喻气流运动。

用 AI 记忆各省的地图形状

在学习地理知识的过程中,记忆行政区划形状是建立空间认知的重要基础。借助人工智能的创意联想能力,通过构建生动夸张的形象化比喻,将抽象的地图轮廓与地域特征形成记忆锚点,这种寓教于乐的方式能有效提升知识留存率。通过具象化的类比和富有想象力的场景设定，可将枯燥的地理轮廓记忆转化为趣味盎然的学习体验。

下面是笔者在腾讯元宝里使用的提示词及得到的结果。

我的提问

> 我希望能够将中国大部分省份的地图形状记住，请归纳总结各省的形状，并将此形状与各个省的特点做有趣的关联，以便于我记忆，可以夸张一些，可以更有想象力一些，以便于进行关联。

AI 回答

> 以下是中国部分省份地图形状与特点的趣味联想归纳（按地域分类），结合夸张的想象帮助记忆。
>
> 华北 & 东北
>
> 陕西：像一尊跪姿兵马俑（呼应秦始皇陵特色），仿佛在向将军汇报战况。
>
> 甘肃：像一双拉面师傅的手（兰州拉面代表），或张着大嘴的河马。
>
> 宁夏：形似一把宝剑（寓意"守护安宁"），或毛笔写的"十"字。
>
> 内蒙古：像翱翔的雄鹰（草原象征），也有说像蜿蜒的龙。
>
> 河北：像弯曲的手臂环抱北京，或大扳手夹住首都。
>
> 黑龙江：像展翅的天鹅（冰雪天鹅湖），或梅花鹿（东北森林代表）。
>
> 华东 & 华中
>
> 山东：像一只展翅的雄鹰（泰山为"五岳之首"），或秃鹫俯瞰黄海。
>
> 江苏：像打太极的人（江南水乡的柔美），或练功的侠客。
>
> 湖北：像一把水枪（长江穿省而过），武汉人"玩水"降暑。
>
> ……

与此类似，还可以向AI做如下提问。

1.请将中国地图轮廓想象成一个夸张的物体或一只动物，并结合各省特色（如文化/地理标志）编成一句话口诀。

2.用3个夸张的比喻描述各省形状。

3.请帮我用故事场景串联西北五省的形状。

第 8 章　用 AI 规划学习

用 AI 制订学习计划

制订弱课优先学习计划

科学地规划学习时间对提升学业效率具有重要意义，尤其是在需要针对薄弱科目进行重点突破的情况下。本方案基于学生物理学科基础较弱、语文学科较为擅长的实际情况，结合记忆规律和任务优先级原则，制订每日7小时、周期为一周的复习计划。通过前置薄弱学科、后置优势学科的时序设计，并运用艾宾浩斯遗忘曲线加强知识的巩固，确保核心精力优先投入关键领域。

下面是笔者在Kimi里使用的提示词及得到的结果。

我的提问

考虑到我目前的弱课是物理，比较拿手的是语文，按每天7小时制作一个一周的学习规划时间表，要求把弱课放在最前面，比较拿手的放在最后面，以确保即便没有按计划完成，也能够优先完成弱课复习。要复习的课程包括：物理、化学、英语、语文、数学、历史、地理。每次学习1小时，休息15分钟。在做规划时，要考虑运用艾宾浩斯遗忘曲线。

AI 回答

好的，根据你的要求，我为你制作了一个一周的学习规划时间表。每天安排7小时的学习时间，每学习1小时休息15分钟。弱课物理放在最前面，语文放在最后面。同时，我会根据艾宾浩斯遗忘曲线，合理安排复习时间和频率，以帮助你更好地巩固知识。

时间段	周一	周二	周三	周四	周五	周六	周日
08:00—09:00	物理：新知识学习	物理：复习周一内容	物理：复习周一内容	物理：复习周一内容	物理：复习周一内容	物理：复习周一内容	物理：复习周一内容
09:15—10:15	化学：新知识学习	化学：复习周一内容	化学：复习周一内容	化学：复习周一内容	化学：复习周一内容	化学：复习周一内容	化学：复习周一内容
10:30—11:30	英语：新知识学习	英语：复习周一内容	英语：复习周一内容	英语：复习周一内容	英语：复习周一内容	英语：复习周一内容	英语：复习周一内容
11:45—12:45	数学：新知识学习	数学：复习周一内容	数学：复习周一内容	数学：复习周一内容	数学：复习周一内容	数学：复习周一内容	数学：复习周一内容
14:00—15:00	历史：新知识学习	历史：复习周一内容	历史：复习周一内容	历史：复习周一内容	历史：复习周一内容	历史：复习周一内容	历史：复习周一内容
15:15—16:15	地理：新知识学习	地理：复习周一内容	地理：复习周一内容	地理：复习周一内容	地理：复习周一内容	地理：复习周一内容	地理：复习周一内容
16:30—17:30	语文：新知识学习	语文：复习周一内容	语文：复习周一内容	语文：复习周一内容	语文：复习周一内容	语文：复习周一内容	语文：复习周一内容

说明

1. 弱课优先：物理作为弱课，安排在每天的第一个小时，确保有充足的时间和精力复习。

2. 艾宾浩斯遗忘曲线：根据遗忘规律，第一天学习的内容会在之后的几天内多次复习，频率逐渐降低。例如，周一学习的内容会在周二、周三、周四等时间点进行复习。

3.休息时间：每学习1小时后休息15分钟，帮助大脑放松，提高学习效率。

4.灵活调整：如果某天感觉某门学科需要更多时间，可以适当调整后续课程的学习时间。

……

与此类似，还可以向AI做如下提问。

1.针对数学薄弱但英语较强的情况，请设计包含费曼学习法的每日5小时学习计划，要求将数学分解为代数/几何双模块交替训练。

2.如何将番茄工作法与课程表结合，为历史/生物弱项学生制订包含知识点串联训练的三周提升计划？

3.基于交叉记忆原理，为同时提升物理和化学的实验思维能力设计早晚分时训练计划，要求包含错题本迭代机制。

按 SMART 原则制订学习计划

科学制订学习计划是提升学习效率的重要方法。SMART 原则作为一种目标管理工具，通过具体性（Specific）、可衡量性（Measurable）、可实现性（Attainable）、相关性（Relevant）和时限性（Time-bound）5个维度，能够帮助学生建立清晰明确的学习路径。该原则既避免了盲目学习的低效性，又能通过阶段性目标达成保持学习动力。

下面是笔者在腾讯元宝里使用的提示词及得到的结果。

我的提问

我是初二年级的学生，请按 SMART 原则为我制定一个五一假期复习计划，并阐述这个计划的科学性。

AI 回答

以下是基于 SMART 原则为你制订的五一假期（5天）复习计划，结合认知科学原理与时间管理策略，确保计划兼具科学性和可操作性。

五一假期复习计划（SMART 框架）

一、学科目标拆分与每日安排

1.语文（S：具体化知识模块）

目标：完成七年级下学期第三单元古诗文理解+作文素材整理

行动：

每天精读1篇文言文（《陋室铭》《爱莲说》等），用"三遍阅读法"：通读→注释翻译→总结主旨；

> 整理10个作文万能素材（按"人物事例+适用主题"分类），用活页本记录
> 时间：每天上午9：00—10：30（精力高峰期）。
> 2.数学（M：可量化任务）
> 目标：解决平行四边形与一次函数薄弱题型。
> 行动：
> 每天完成《错题本》中3道典型错题重做+1道同类变式题；
> 用"番茄钟法"：25分钟专注解题+5分钟核对答案/标注错因。
> 时间：每天下午14：00—15：30（逻辑思维活跃时段）
> 3.英语（A：可实现难度）
> 目标：掌握八年级下学期 Unit 3～Unit 4 核心词汇与语法
> 行动：
> 每天用"艾宾浩斯记忆表"背诵20个单词（早7：30/晚21：00各10个）；
> 制作语法思维导图（现在完成时 vs 过去时），搭配5组例句仿写。
> 时间：碎片化时段（如早饭后、午休前）
> ……

与此类似，还可以向AI做如下提问。

1.作为初二学生，我需要提升数学几何证明能力（具体目标）。请按SMART原则制订4周学习计划。

2.请为初三英语中考制订SMART复习计划。

3.我是一名初二学生，当前月考数学75分（现状），请按SMART原则给我制订数学动态调整计划。

选科与成长规划

了解自己的兴趣与偏好

对中学生而言，现在正处于探索兴趣与潜能的关键阶段，AI可以通过科学的问卷测试、性格分析工具和兴趣评估模型，帮助学生跳出"成绩导向"的局限，更清晰地认识自己。这种个性化的诊断结果，不仅能避免盲目地跟风选科，还能在职业倾向的萌芽期就建立自我认知框架，为未来的学科选择和生涯规划奠定理性基础。

下面是笔者在腾讯元宝里使用的提示词及得到的结果。

我的提问

> 我是一名高一的学生，请帮我生成涵盖数学、编程、绘画等领域的趣味测试题，这些测试题用来分析我潜在的兴趣及选课方向。

AI 回答

以下是为您设计的涵盖学科兴趣与选课方向的趣味测试题,题目结合了逻辑推理、语言感知、科学思维等多维度能力探索,帮助您初步分析潜在的兴趣方向。所有题目均不提供答案,建议完成后根据自身偏好及解题过程的投入度进行倾向性判断。

第一部分:学科场景偏好

情景选择

如果你有一整天自由时间,最想参与以下哪种活动?

A. 设计机械模型并测试其性能
B. 创作短篇小说或诗歌
C. 研究动植物标本并分类
D. 分析股票数据并预测趋势

问题解决倾向

面对一个复杂的问题(如"如何减少校园垃圾"),你更倾向于( )。

A. 设计分类回收装置(动手实践)
B. 策划环保主题宣传活动(创意表达)
C. 分析垃圾成分并提出化学处理方案(实验研究)
D. 建立数学模型模拟垃圾增长趋势(数据分析)

第二部分:学科能力趣味测试

逻辑与数学思维

数字规律推理

观察数列:2, 3, 5, 7, 11, 13, …,下一个数字是什么?

……

与此类似,还可以向AI做如下提问。

1.请帮我分析最近3个月各科作业和课外活动的参与记录,列出我最常主动投入的3个领域,并推荐相关的兴趣课程或竞赛活动。

2.我喜欢科幻小说和机器人社团活动,能否根据这些兴趣生成一份跨学科探索清单。

3.设计一个包含10道选择题的趣味测试,通过我对不同场景的偏好选择(如实验操作、团队协作、艺术设计等),推测我潜在的职业兴趣方向。

向 AI 了解大学专业情况

高考后选择大学专业是学生面临的重大决策,但在传统方式下,仅凭专业名称、碎片化解读或亲友经验难以全面掌握专业内涵和行业趋势。借助AI系统不仅能够精准解读专业内涵与职业路径,更能基于学生个体特质进行适配度测算,使学生在认知自我与了解专业的双向互动中,逐步完善职业发展规划。

下面是笔者在腾讯元宝里使用的提示词及得到的结果。

我的提问

> 我对心理学感兴趣,但听说大学心理学要学统计学和生物,和我想象中的"聊天治愈"完全不同。能不能用具体例子说明心理学专业到底学什么?如果我不擅长背知识点,更适合应用心理学还是临床心理学?

AI 回答

> 你的观察很准确——心理学确实远不止"聊天治愈",它是一门建立在科学方法基础上的学科。以下我会用具体例子解析心理学课程结构,并针对你的特点分析方向选择。
>
> 一、心理学专业学什么?以国内本科课程为例
> 1.基础科学课程(你可能没想到的"硬核"部分)
> 统计与实验设计
> 例子:你要设计一个"睡眠时间对记忆力的影响"实验。需要确定样本量、控制变量(如年龄、咖啡因摄入),用 t 检验/方差分析处理数据,最终用统计软件(如 SPSS)输出结果。
> 作用:避免"我觉得熬夜学习效果好"的主观臆断,用科学方法验证假设。
> 生理心理学与神经科学
> 例子:通过 fMRI 脑成像技术,观察抑郁症患者在进行情绪任务时前额叶皮层的激活程度,对比药物治疗前后的神经可塑性变化。
> 作用:理解心理现象的生物学机制,现代心理咨询技术(如正念疗法)也建立在神经科学的基础上。
> 2.核心心理学理论课程
> 发展心理学
> 例子:分析皮亚杰的"守恒实验"——为什么 5 岁儿童认为倒入细长杯子的水变多了?这揭示了儿童认知发展的"前运算阶段"特点。
> 学习方式:理解阶段特征比死记年龄划分更重要,可结合观察幼儿园儿童的行为验证理论。
> ……

与此类似,还可以向 AI 做如下提问。

1.我对"人工智能"和"心理学"都感兴趣,但完全不知道大学里这两个专业具体学什么。AI能对比这两个专业的核心课程、需要的性格特质吗?比如是不是必须数学学得好?内向的人适合学心理学吗?如果未来想研究脑科学,该选哪个专业?

2.我想了解"人工智能"和"自动化"这两个专业的区别,但网上信息太复杂。我喜欢动手拆装机械,也爱编程和打游戏,性格比较内向。请问:这两个专业分别要学什么课程?就业方向有什么不同?我的性格和兴趣更适合哪个?

3.我想了解生物技术和计算机科学专业的具体区别。听说生物技术既要学基因工程又要编程，是真的吗？如果动手能力强但数学成绩一般，选哪个专业更合适？

职业探索及规划

在青少年成长的关键阶段，职业认知与学业规划的有机衔接尤为重要。面对学科兴趣与职业前景的辩证关系，需以科学认知为基础，既要珍视个人的禀赋特质，也要客观分析时代发展趋势。通过系统性的职业探索，建立学科学习与生涯发展的联结通道，将有效提升未来选择的主动性。

下面是笔者在腾讯元宝里使用的提示词及得到的结果。

我的提问

> 我是一名山西县城普通学校的初三学生，喜欢物理，我听说职业规划要趁早，但经过查阅发布与物理相关的工作比较少，发展前景一般，你认为我应该如何做职业规划，应该在高中阶段做哪些努力？

AI 回答

作为来自县城的初三学生，你对物理的热爱和职业规划的主动思考非常值得肯定。结合你的实际情况和物理领域的发展趋势，我将从职业方向选择、高中阶段准备策略、资源获取途径3方面为你提供系统性建议。

一、物理相关职业前景解析（破除信息差）

你查阅到的"物理相关岗位少"属于常见的认知误区，实际上物理学在当代科技革命中正迎来爆发期需求。

1. 硬核科技领域

半导体芯片：华为/中芯国际等企业急需物理背景人才（网页1显示芯片工程师起薪18k）

新能源技术：光伏/核聚变工程师（国家"双碳"政策推动，网页4提到相关人才需求将突破120万）

量子计算：量子工程师被列入国家急需人才（网页5预测该领域薪资涨幅超30%）

2. 交叉应用领域

医学物理：放疗设备研发（网页6提到医学影像技术方向）

金融工程：量化分析师（物理建模能力在金融领域溢价，网页6显示年薪可达50万以上）

3. 基础科研领域

国家重点实验室（如中国科学院物理所）年均招聘超200人（网页1显示科研岗位需要博士学历但稳定性强）

……

与此类似,还可以向AI做如下提问。

1.如何平衡文学创作兴趣与家长建议的经管类专业选择?
2.对生物学科有浓厚兴趣但晕血,有哪些相关职业方向可以探索?
3.在小城市缺乏科研资源的情况下,怎样通过自主研学提升计算机学科的竞争力?